写给孩子的发明史

妙手使巧力

董淑亮 著

长江出版传媒 | 长江少年儿童出版社

图书在版编目（CIP）数据

妙手使巧力 / 董淑亮著 . —— 武汉：长江少年儿童出版社, 2024.6
（"偷懒"的人类·写给孩子的发明史）
ISBN 978-7-5721-2444-0

Ⅰ.①妙… Ⅱ.①董… Ⅲ.①创造发明 – 技术史 – 世界 – 少儿读物 Ⅳ.① N091-49

中国国家版本馆 CIP 数据核字（2024）第 025235 号

"偷懒"的人类·写给孩子的发明史 ｜ 妙手使巧力
TOULAN DE RENLEI XIE GEI HAIZI DE FAMING SHI ｜ MIAOSHOU SHI QIAOLI

出 品 人：何　龙	封面绘图：夏　曼　吴秋菊
策　　划：姚　磊　胡同印	内文绘图：夏　曼　夏　婷　何　苹
执行策划：辜　曦	责任校对：邓晓素
责任编辑：辜　曦	督　　印：邱　刚　雷　恒
美术编辑：徐　晟　王　贝　董　曼	

出版发行：长江少年儿童出版社
地　　址：湖北省武汉市洪山区雄楚大道 268 号出版文化城 C 座 12、13 楼
邮政编码：430070
网　　址：http : // www.cjcpg.com
业务电话：027—87679199
承 印 厂：武汉精一佳印刷有限公司
经　　销：新华书店湖北发行所
开　　本：720 毫米 ×1000 毫米　1/16
印　　张：8.75
字　　数：113 千字
版　　次：2024 年 6 月第 1 版
印　　次：2024 年 6 月第 1 次印刷
书　　号：ISBN 978-7-5721-2444-0
定　　价：35.00 元

本书如有印装质量问题，可向承印厂调换。

发明创造，是为了让生活更美好

许多发明的诞生，都是为了让生活更美好。发明创造的历史，本身就是科学史的一部分。这些发明创造，是推动人类文明进程的关键。阅读发明创造故事，领略科学家发明创造的智慧，是一次有趣的科学之旅。星星点点的智慧火花，将更好地照亮孩子学科学、爱科学、用科学的人生前程。

在人类漫长的进化史上，聪明的人类总是通过发明创造，让生活变得越来越舒适和安全，当然，我们也可以说发明的出发点可能是为了"偷懒"。至关重要的是，人类在认识事物、探索未知世界的过程中，能勇于实践，大胆想象，在锲而不舍的努力中，一步一步地走向成功。

为了让眼睛看得更清楚，人类发明了眼镜、显微镜、望远镜、照相机、夜视仪……这些发明不是一蹴而就的，而是由一代又一代人不断地改进，经过漫长的努力与辛勤的劳动，才会不断孵化出来，从而使我们的眼睛看得更清、更远，生活变得更好。

为了让嘴巴获得更香、更甜美、更丰富的食物，人类做了许多努力。从主食到副食，包括果腹的美餐、可口的饮料，还有奇妙的食物储存、未来食品……一路走过来，处处皆学问。这里有许多绝密档案，翻开书就会获得这些知识。

为了让声音传得更远、更快，让声音更好听，让声音保存得更好，与耳朵有关的一系列发明创造诞生了：从最早的听诊器，到电报机、电话机、手机，以及录音机、收音机，还有各种各样的乐器，甚至集眼睛和耳朵的功能于一身的雷达……一句话，对人类的耳朵来说，声音永远充满了神奇的诱惑力，正是这种诱惑力催生了无数重要发明。

为了让手更有力、更准确、更灵活，让手从托、举、拉、推等"苦役"中解放出来，诞生了与手有关的一系列神奇发明：从人类最早对力的认识开始，有了笔、刀、针、枪，以及与火相关的能源，每一步都是小小的，可是聚沙成塔，"偷懒"的人类越走越远……一句话，人类靠双手彻底改变了世界。

为了让双脚走得更远、更快，登得更高，潜得更深，人类发明了鞋子、自行车、汽车、火车、轮船、潜艇、飞机、宇宙飞船……人类啊，依靠双脚勇闯世界，实现了"可上九天揽月，可下五洋捉鳖"的辉煌梦想。

人类总是不甘于眼前的生活，于是，有了这些改变世界的伟大发明创造。这是一套写给孩子的另类发明史。它打破学科壁垒，以妙趣横生的故事，以人类身体功能延伸的独特视角，呈现人类重大发明诞生的全景，为孩子展现人类文明长河中波澜壮阔的科技画卷，让孩子以广博的视野看世界，洞见科学家为造福人类不懈追求，能增加孩子们的想象力与创造力，拓展他们的思维方式，激发其对科学的求知欲和探索精神……

2023 年 4 月 23 日

目录

第一章 力 / 1

1. 认识一下自己的手 / 3
2. 倾斜的碟子与摩擦力 / 6
3. 和尚为什么揭了"招贤榜" / 9
4. 看不见的"大力士" / 13
5. 投石器与万有引力 / 15

第二章 笔 / 19

1. 将军与毛笔 / 21
2. 牧羊人与铅笔 / 24
3. 记者与圆珠笔 / 28
4. 用机器写字 / 31
5. 用手指拨弄珠子来计算 / 37
6. 活字印刷术那些趣事儿 / 41
7. 神奇的汉字激光照排系统 / 46

第三章 刀 / 51

1. 剃须刀的"前世今生" / 53
2. 家庭教师与轧棉机 / 56
3. 世界上第一台现代车床 / 60
4. 农民与收割机 / 64

第四章 针 / 67

1. 针的那些往事 /69
2. 药王与针灸术 /72
3. 从纺车到纺纱机 /76
4. 缝纫机，由梭子想到的发明 /81
5. 绱鞋与绱鞋机 /85
6. 拉链，向铁匠学来的发明 /89

第五章 武器 / 95

1. 斧头、锄头及其他 /97
2. 手能抬起火车头 /100
3. 火药，人类意外的收获 /103
4. 步枪的诞生 /106
5. 500门大炮与一张设计图 /110
6. 导弹，武器家族中的强者 /113
7. 第一颗原子弹爆炸 /117

第六章 火 / 121

1. 火、火柴及其他 /123
2. 陶瓷，火与土的结晶 /127
3. 壶盖为什么会跳动 /130

第一章 力

手拥有的"神器"

人类发明创造的火花一经点燃，就永不熄灭。为了用好"手"这个重要的天赐工具，人类便千方百计地来延伸、强化它们的功能，由此诞生了无数超越"手"的能耐的伟大发明，让我们感慨手有无限的魔力。

"偷懒"的人类 妙手使巧力

人类离不开手。人类用手来获取食物、进攻、防范、劳动等。一双健康的手,是人类进化中天赐的"作品",需要我们好好爱惜,并让它越来越灵巧和健美。

"手"与"力"是分不开的。想一想,如果手毫无力气,还有存在的价值和意义吗?换个角度来讲,"力",不论是拉动的力、抓取的力、投掷的力等,对"手"来说,都是如影随形的"神器"。

1. 认识一下自己的手

人类靠什么征服大自然？除了智慧以外，最得力的部位就是手。许多人不知道，人类的手有了"能和四指相互配合"的大拇指，这可是了不起的地方。人类的手通过大拇指与四指的灵巧配合，可以自如有力地实现"抓""拿""握""捏""扔"等动作，而动物的前爪普遍没有这个能力，只能依靠喙、牙等部位来协助解决一些具体问题，包括吃东西、进攻与防御等。

科学家认为，人体在漫长的进化中，长了三个最智能的部位，那就是大脑、眼睛和手。对此，也许有的人会十分不解：大脑会做思维体操，眼睛能传递感情，那么，手的智慧从哪儿表现出来呢？专家们指出，手可以制造工具，制造工具是人与其他动物最大的区别。哇，原来手这么优秀，记得好好使用它们哦！

"偷懒"的人类 妙手使巧力

手的小秘密

▶ 宝宝在母亲的肚子里,成长到5周左右的时候,手就出现了,但非常小,就像鱼的鳍一样呢。

▶ 在随后的发育中,手指开始慢慢成长,手指之间的蹼渐渐退化。宝宝到了11周的时候,手的关节、肌肉甚至指甲都已经发育完全。瞧,手就这么诞生啦。

▶ 一个20周大的宝宝,在母亲的肚子里,已经会用手指给耳朵挠痒了。怎么样,做梦也想不到吧?

▶ 每只手都有29块骨头,这些骨头由123条韧带连接在一起,由35条肌肉来牵引。控制这些肌肉的是48条神经,还有30多条动脉和许许多多小血管来滋养整个手掌。

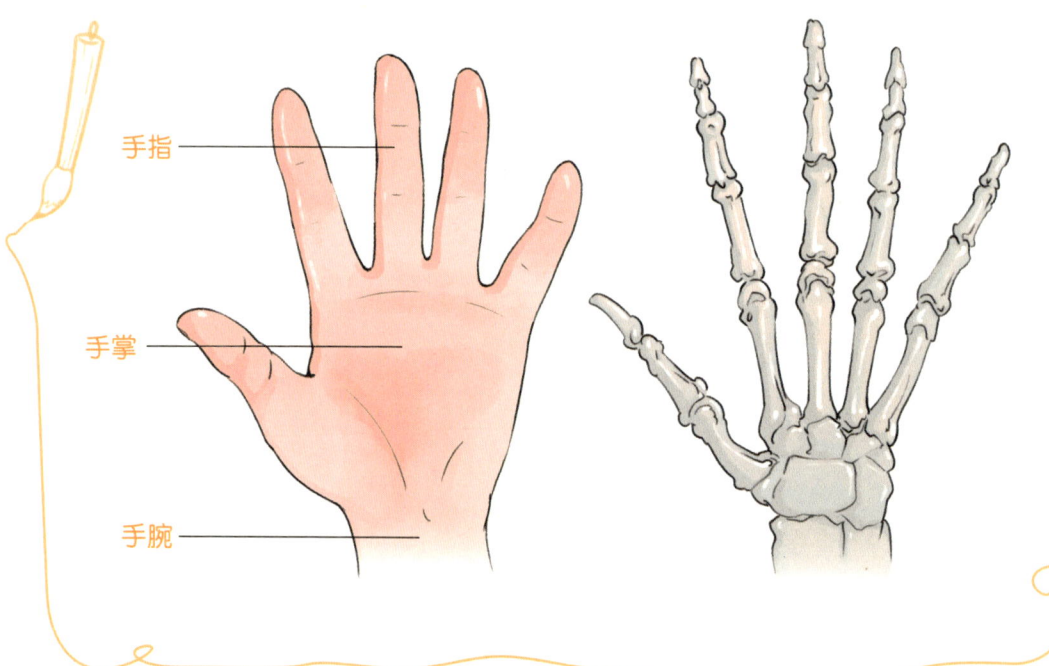

想一想 一边说话，一边打手势，这样科学吗？

有人认为：

不科学。边说话，边打手势，会影响说话的效果，甚至会让人把要讲的内容都忘掉。

还有人认为：

目前还不知道这么做是否符合科学规律，但是，边说话边打手势，能增加表达的气势，增强感染力，这是每个演说家都有的切身体会。

小博士说

第一种观点是错误的，第二种观点不完全正确。专家们研究发现，在大脑的语言中枢和运动中枢之间，神经元联系紧密，大脑在说话时会变得活跃的那一部分，在做手势时同样也会活跃起来。因此，说话时做手势有助于思考、表达和记忆。当然，还要给你提个醒，做手势要适可而止，否则就变成手舞足蹈了。

2. 倾斜的碟子与摩擦力

力对手来说非常重要。我国古代文献《墨经》就把这个概念总结为"力，形之所以奋也"，就是说，力是使物体奋起运动的原因。人类从对"力"的直觉意识、主观判断，到科学定义，经历了漫长的过程。

原始人打猎，搬取食物，防止野兽进攻，靠的都是力这个神秘的东西。后来，人们渐渐发现力有多种存在状态，如：手出击，存在一种力；人能够漂浮在水上也是一种力（浮力）在支撑；人不论跳多高，都离不开地球，是一种力（万有引力）在起作用；人在冰上不如在平地上跑得快，又是一种力（摩擦力）在起作用。15世纪至19世纪，科学家们对力才渐渐有了科学准确的解释。其中，揭开摩擦力与油之间关系的是19世纪英国物理学家瑞利。

有一天，瑞利家来了几位朋友。瑞利的母亲很热情，亲自给客人端茶。她将茶杯放在一个碟子里，端到客人面前。由于一时不小心，她端碟子的手抖了一下，碟子中的茶杯轻轻晃动，茶水洒了一点儿出

来。"哎呀,真是不好意思!"瑞利的母亲向客人致歉。

在一旁的瑞利被母亲手中的茶杯和碟子吸引住了。他发现,茶水没有洒出时,茶杯在碟子上很容易滑动;当茶水洒在碟子上后,茶杯却不容易滑动。

瑞利心想:碟子越倾斜,茶杯却不容易滑动,这是怎么回事呢?他不禁陷入了沉思。

朋友走后,他便投入了紧张的实验。他通过反复地对比、分析,终于得出了结论,揭开了茶杯和碟子之间摩擦力的奥秘。原来,当茶杯因倾斜洒出茶水,热茶消解了油腻物质,杯碟之间的摩擦力增大,茶杯在碟子上就不容易滑动了。后来,他还发现用油作润滑剂,能减小固体之间的摩擦力。瑞利为人类科学技术的发展做出了很大的贡献。1904年,他因发现氩而获得诺贝尔物理学奖。

这个小故事说明,手与摩擦力有着千丝万缕的联系。如果没有摩擦力,你伸出手想抓住一双筷子吃饭、端起杯子来喝水都难呢。

知识链接 不简单的摩擦力

▶ 上面的故事中,茶杯和碟子沾上抹布上的一些油,杯碟之间的摩擦力就会减小,茶杯在碟子上容易滑动。

▶ 瑞利进一步研究发现了油在固体摩擦中的作用,提出了润滑油减小摩擦力的理论。后来,在有机器运转的地方,几乎少不了润滑油。

拓展阅读

日常生活中,人类为什么离不开摩擦力?

▶ 你抬腿走路,脚与地面要是没有摩擦力,你就会寸步难行。

停不下来啦!

▶ 汽车行驶,除了靠动力支撑以外,轮胎与地面要是没有摩擦力,车子还没发动就会打滑,或者车子开动起来就停不下来,直至与其他物体相撞才会停车。呀,好可怕!

▶ 没有摩擦力,你的手不论多么有力,都拿不住东西,甚至在墙上钉一颗钉子都做不到。

▶ 拔河比赛为什么要挑个子大、身体重的队员? 因为拔河比赛取胜的秘密,是加大脚和地面的摩擦力,才能不被对方拉倒。队员的体重越重,脚和地面的摩擦力越大。

3. 和尚为什么揭了"招贤榜"

人的手究竟有多大力？古代的章回小说中讲，武士力大无比，可以"倒拔垂柳"。嘿，多了不起！不过，要是有一天，有一头用铁铸成的牛掉进水里，武士能用手把它捞上来吗？可以肯定地说，即使他会游泳，到水里靠双手也难以将铁牛捞上来。有趣的是，宋朝的一位和尚做到了，他用了一种十分巧妙的方法。

事情是这样的。

1066年，河中府（在今天的山西省）的城墙上贴了一张醒目的"招贤榜"，说的是大水冲走了河中府城外那八头系浮桥的铁牛，现广请能人贤士打捞铁牛，重建浮桥，造福百姓。可是，过路的人看了看都走了，没有人敢揭榜。

原来，城外的浮桥是用许多空船连排起来的，上面铺了一层木板。人们怕浮桥移动，特制了八头铁牛，每头铁牛几千斤，有的甚至重达万斤。夏天的一场特大洪水竟然把浮桥冲垮了，放在两岸的铁牛被冲走。要重建浮桥，没有铁牛怎么行呢？于是官府贴出了"招贤榜"，

希望有能人来解决这个难题。

有一天,怀丙和尚正好路过这儿,看了看榜文后,笑了笑说:"让我来试试看吧。"说完,他轻轻地揭了榜。

围观的人见了,都吃惊地问:"师父,这可不是闹着玩的,揭了榜,又干不了,官府要治罪的。"

"再说,一头铁牛几千斤重,你是神仙吗?能将它们捞上来吗?"有人为他捏了一把汗。

可是,怀丙和尚笑着对大伙儿说:"水把铁牛冲走了,我还要叫水把铁牛送回来。"

大家听了,都说怀丙和尚在说梦话。

第二天,怀丙和尚先请当地熟悉水性的人潜到水底,摸清了铁牛的位置,再用绳子将一头头铁牛系好。然后,他指挥一班船工划来了两艘船,船里装满了沙子。两船一字排开,中间搭了一个牢固的木架子,把拴铁牛的绳子的另一头拴在架子上。最后,怀丙和尚让船工们把船里的沙子往河里铲,并要求两艘船上的船工同时行动,不能有的船上沙铲得多,有的船上沙铲得少。

河岸上围满了看热闹的人,人们指指点点,弄不清怀丙和尚到底在搞什么名堂。

随着两艘船上的沙子逐渐减少,船身就一点一点地往上浮起来了,铁牛就渐渐地露出了尖尖的角、高高的脊背……当铁牛半浮在水中的时候,怀丙和尚又让船工一起划船,把船划到了岸边,最后把八头铁

牛全部打捞上岸。

这时候,围观的老百姓恍然大悟,无不赞叹怀丙和尚有智慧。当时,怀丙和尚利用水的浮力来打捞铁牛,堪称工程学上的一个创举。瞧,绳索和水的浮力,帮助手解决了超级难题。

知识链接 生活中的浮力

▶ 船在水上行驶,就是借用了水的浮力。浮桥能漂浮在河面,也是水的浮力在帮忙。

▶ 人能够漂浮在水面,靠的是什么力呢?水的浮力把身体托起来,人就能漂浮在水面。当然,不会游泳的人在水中,即使水有浮力,人的身体也可能会下沉。

▶ 气球为什么能飞到空中?气球里充入的氢气或氦气,密度小于空气,气球体内的气体质量就小于同样体积的空气质量,因此空气产生的浮力就把气球送上了天空。

想一想 煮饺子时,为什么生的沉下去,熟的漂起来?

有人认为:

生饺子煮熟了,饺子里的馅子由生到熟,质量减轻了,因此熟饺子会漂起来。

还有人认为:

生饺子煮熟以后,体积变大,因此能漂浮起来。

小博士说

第一种观点是错误的,第二种观点讲得也不完全正确。从科学的角度来看,同体积的生饺子的质量大于同体积水的质量,因此生饺子会沉在水底。物体受热会膨胀,饺子和水同时膨胀,可是饺子膨胀的速度比水快,熟饺子的质量并没有增加,而体积增大了,同体积的熟饺子的质量小于同体积水的质量,因此熟饺子就会浮起来。

4. 看不见的"大力士"

请你试一试：伸出大拇指，往自己的大腿或其他人的背上轻轻一按，就能把一处皮肤按下去，手一松，那处皮肤又弹回来了。这告诉我们，手指能产生压力。可是，凭你的一只手的压力，能治疗疾病吗？正常情况下，你是做不到的。然而，古人从手的功能延伸开去，发明了拔火罐这种方法。

拔火罐又称"拔罐""拔管子""吸筒"，在我国古代就出现了。拔火罐主要有疏风、清热、镇痛等作用，常用来治风湿痛、腰背肌肉劳损、头痛、腹痛、哮喘等。这是一种很独特的治病方法，用"火罐"代替手来为人类治病。

那么，你见过中医为病人拔火罐吗？这种罐子是小瓷罐或者玻璃罐。医生在罐里放一小团棉花，或者在罐里擦一些酒精，点燃后稍停

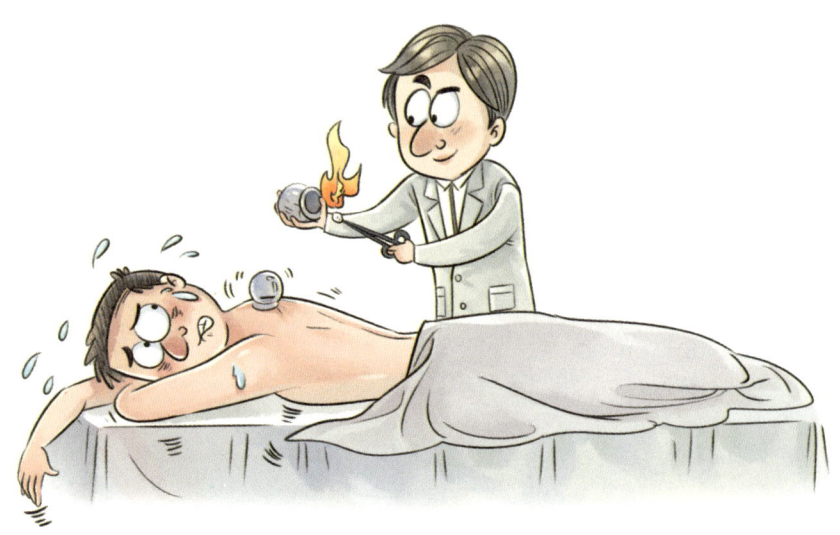

一会儿，立即把罐子倒扣在病人疼痛的地方。这时候，奇妙的事发生了，罐子会紧紧地吸在病人身上。火罐为什么会有这种神奇的力量？难道火罐里有看不见的"大力士"？科学家指出，火罐产生的力叫压力，即物体所承受的与表面垂直的作用力。由于这种压力，火罐才会紧紧地吸在人身上。

发明拔火罐的古人，真会利用压力呀！

知识链接 火罐里的秘密

▶ 火罐里的空气有一部分会受热膨胀。罐子里的空气压强小于外面空气的压强，在内外压力的作用下，火罐就会紧紧地吸在人身上。注意，这时千万不能硬拔罐子，当心皮肉受伤哦！

▶ 火罐顶部有个开关。治疗结束时，打开这个开关，外面的空气会进入火罐，内外压力相同时，火罐就会脱落。

▶ 物体单位面积上所受到的垂直作用力叫压强。当受力面积相同时，压力越大，效果越明显；当压力相同时，受力面积越小，效果越明显。

5. 投石器与万有引力

手与力之间，有许多有趣的故事。其中，牛顿看到乡下孩子玩投石器游戏时，就催生一项了不起的伟大发现，这应该也算"手"的另一种贡献吧。

名人档案馆

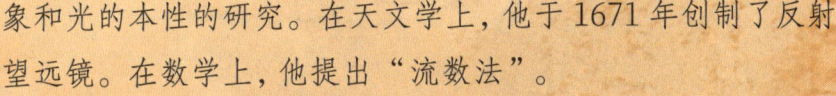

姓名：艾萨克·牛顿（1643—1727）

国籍：英国

成就：物理学家、数学家、天文学家，牛顿运动定律的建立者，万有引力定律的发现者。在光学上，他致力于色的现象和光的本性的研究。在天文学上，他于1671年创制了反射望远镜。在数学上，他提出"流数法"。

经历：牛顿出生在英格兰林肯郡乡下的一个小村落，而且出生前三个月，父亲就逝世了。小牛顿3岁时，母亲改嫁，他便在外祖母家长大。1648年，牛顿被送去读书。少年时的牛顿成绩一般，喜欢看一些介绍简单机械模型制作方法的课外书。他从中受到启发后，自己动手制造出一些奇奇怪怪的小玩意儿，包括风车、木钟、提灯等。

"偷懒"的人类 妙手使巧力

1666年,牛顿23岁,一场可怕的鼠疫在伦敦无情地蔓延。牛顿就读的剑桥大学为了防止学生受到传染,暂时放假,让学生回家休息。

那时,牛顿的故乡林肯郡的孩子很喜欢玩投石器的游戏。孩子们常常把一块小一点儿的石头放在稍大的石器中,然后用力抡着石器打起转转,之后,再把石器抛得远远的,看谁的石器转的圈多又抛得远,而石器中的小石子不被抛出来。有时,他们还会把一桶牛奶用力从头上抡过,而牛奶一点儿也不会洒落。那表现,就像一位杂技大师在表演拿手好戏呢。

"是什么力使石器里面的石头、水桶中的牛奶不飞出来呢?"爱思考的牛顿立即从孩子们的游戏中想到了引力问题。

他从星星想到月亮,想到了地球,想到了茫茫宇宙……他首先推算月球与地球之间的距离。由于引用的资料有错误,他的推算失败了。后来,新测量的地球半径值公布了,牛顿立即利用这一成果进行新的

第一章 力

研究，一方面检查自己的不足，一方面把自己发明的微积分理论运用到研究中。在前人的研究基础上，经过周密的计算，他把适用于地面物体运动的三条定律（即牛顿三大定律）用于行星运动，从而得出了举世闻名的"万有引力定律"。万有引力指宇宙中两个物体之间，由于物体具有质量而产生的相互吸引力。地面上物体所受的重力，就是地球与物体之间的这种吸引作用。行星绕太阳运行，月球绕地球运行，也与它们之间的引力有关。

万有引力定律把地面上物体运动的规律和天体运动的规律统一了起来。这一定律的发现，对后世物理学和天文学的发展具有深远的影响，使人类的思想认识有了一次大飞跃。

知识链接 引力的作用

▶ 天上的星星为什么不会掉下来？今天，稍有物理学常识的人都会知道，那是因为它们之间存在一种奇特的引力。可是在几百年前，这是人们想都不敢想的事。禁锢人们思想认识的宗教势力一直认为那是神的力量在起作用。

▶ 俗话说："人往高处走，水往低处流。"水为什么会往低处流呢？原来，这是自然界的普遍规律，水受地球引力的作用，会从高处向低处流动。

▶ 拿起一个乒乓球抛向天空，结果会怎么样？不论你的手怎么用力，也不论你把乒乓球抛得多高，乒乓球最后还是会落到地上，因为地球的引力真是太强大啦。

第二章 笔

用来书写的工具

人类创造文字以后，写字的工具是什么？在发明笔以前，人们用手指或者树枝、棍棒之类的东西写字。在我国古代的写字工具中，第一个出场的就是毛笔。现在，钢笔、圆珠笔、蜡笔、水性笔等纷纷登场，各有所用。

"偷懒"的人类 妙手使巧力

人类的手除了用来吃饭、劳动、制造工具以外，在文字诞生以后，书写也成为一项重要工作。书写是为了记录。在中国古代，笔纸发明前，有多种记事方式：结绳记事、甲骨记事、竹简记事等。笔，是人类一项极其重要的发明，它的历史比纸的历史更悠久。中国古代有毛笔，古希腊人、罗马人曾在木板面上涂蜡，然后用铁棒在蜡面上画写。古埃及人和波斯人把芦苇秆削尖当笔来使用。从中世纪开始，在欧美，人们用的是芦苇笔或鹅毛笔。时光流转，伴随着科技的发展，笔的种类也越来越多。从记录的功能延伸开去，各种比笔更高级的发明也出现了。

1. 将军与毛笔

最早的毛笔，大约可追溯到 3000 多年前。河南安阳殷墟出土的少量甲骨片上有残留的朱砂痕迹，考古学家推测出这些文字是用毛笔写的。可见，毛笔起源于殷商，而传说秦国大将蒙恬"发明"毛笔，应该属于对毛笔进行完善。

据说，有一年，秦朝的大将蒙恬带兵来到江南，驻扎在一个小山村。一天，蒙恬在村头的一根树枝上发现一团毛茸茸的东西在飘动。他好奇地走上前去一看，那是一小撮兔毛。蒙恬此时突然想到：要是用兔毛来做一支笔用，我在军中批阅兵书，该多省劲啊！

秦朝时期，没有笔，写字都是用刀刻，把字刻在竹片上。"写"字既费力又费时，很不容易。蒙恬想到这样的"笔"，当然喜出望外。

他连忙回到营中，立即找来一根丝线，又找来一根树枝，将一撮兔毛扎在树枝的一头，蘸着锅灰在白帛上写起字来。

"偷懒"的人类 妙手使巧力

"怎么字迹一会儿清楚,一会儿又很模糊?"他觉得笔不好用,随手将它往外面一扔,笔正好落到窗外的一个石灰缸里。

凑巧,一个村姑路过这里,看见石灰缸里漂着一小团白生生、毛茸茸的东西,奇怪地问:"这是什么东西?"

"是一支不能用的毛笔。"蒙恬回答说。

村姑伸手将笔拿起来,一看,笔头是沾满了石灰的兔毛,便拿到清水里洗了洗,洗净后又把毛理了理。

蒙恬接过来重新试了一下,说:"奇怪,笔现在怎么写起来顺手又流畅?"他百思不得其解。

细心的村姑沉思了一会儿,两眼望了望石灰缸,肯定地说:"一定与石灰有关系。"

"因为兔毛上有油质,不能吸收水,所以你刚才觉得它不能用。现在油质被石灰腐蚀尽了,兔毛就能吸收水了,因此,写起来就相当顺手、流畅。"

蒙恬听了村姑的话,恍然大悟。

后来,蒙恬就用上面的方法,将兔毛放在石灰缸里浸泡后,用梳子理顺，留下洁白挺直的毛来做成笔头。他经过多次试验，终于做成了一支称心如意的毛笔，并掌握了用兔毛制笔的技艺。因此，蒙恬也被称为"笔祖"。

从此，世上有了毛笔，后来毛笔在大江南北流行开来。当地的老百姓为纪念蒙恬，在那座村子旁边，建了一座"蒙公祠"。这座祠堂经多次重建，至今还存在。现在，毛笔的记事功能渐渐弱化，可是作为书法艺术的常用工具，毛笔仍然活跃在字画的世界里，为文人雅士所喜欢。

拓展阅读

中国古代的毛笔

▶ 春秋战国时期，各地对"笔"的叫法不同，有"不律""聿""弗"等多种名称。直到秦统一六国，要求"书同文，车同轨"，才有"笔"这个统一的名称。

▶ 湖北省随州市西北擂鼓墩曾侯乙墓发现了春秋时期的毛笔。这是目前发现的最早的笔，距今有2400多年。

▶ 汉代制笔头的原料除了兔毛之外，还有羊毛、鹿毛、狸毛、狼毛等，既有硬毫，又有软毫。

湖北出土的战国笔（仿制品）

2. 牧羊人与铅笔

　　花花绿绿的铅笔，为我们绘出了一幅幅美妙的图画。在它诞生的400多年时光中，其种类和式样越来越多，如自动铅笔、彩色铅笔、立体铅笔等。到目前为止，铅笔仍是我们重要的书写工具之一，也是手的亲密伙伴之一。从读书写字的那一天起，小小指头握的就是铅笔。

　　在西方，第一个用铅笔的是一位细心的牧羊人。

　　1564年，一场猛烈的飓风袭击了英国的坎特伯雷。这场飓风刮倒了房屋，毁坏了庄稼，拔起了大树。风暴停息后，天气逐渐晴好，一位勤劳的牧羊人赶着羊群，惊讶地打量着这片被飓风洗礼过的土地。当他路过大树旁，一棵翻倒的大树下，一片黑乎乎的东西映入了牧羊人

的眼帘。他好奇地走近树坑一看，发现一种黑色的东西。"这是什么东西呢？"牧羊人惊讶不已。

出于好奇，牧羊人跳进树坑，拿起那东西用手捏了又捏，那东西比泥土硬，却要比石头软。他爬出树坑，拿出身上的小刀子划划看，发现能将它切成条条块块。他从来没见过这种又黑又软的"石头"，心中惊喜万分。然后，他拿起一块细长的软石条在羊身上画，画出了一道道印子。

这时，牧羊人灵机一动，心想：要是用它在羊身上画记号，自家的羊就容易辨认了。于是，他采集了不少这样的石头带在身上。回家后，牧羊人用它在墙上、地上、纸上涂写。后来，这种东西很快在当地传开，当时人们都不知道这是什么。由于这种"黑石头"像铅一样，会使接触到的东西变黑，牧羊人便称它为"黑铅"。

这种"黑铅"就是石墨，牧羊人发现了一处石墨矿——英国有史以来最纯粹的一处石墨矿。石墨一出现，立刻引起了精明商人的注意。当时，英国的贸易非常发达，商人们做买卖时，需要在货物包装袋上写字，因此，这"笔"是最适用不过的了。于是，商人把它们切成细条状，在伦敦街头作为"打印石"出售。一时间，"打印石"不仅销往英国各地，还被整船运送到国外。这就是最原始的铅笔。现在，穿上了各色花衣的铅笔，成了我们写字作画的工具，拿在手中，纤细可爱。

"偷懒"的人类 妙手使巧力

知识链接　你不知道的铅笔趣闻

▶ 为解决"打印石"字迹颜色太深、用力易断、容易脏手等问题,18世纪,德国化学家法贝尔将石墨研成粉末,然后掺进一定量的硫黄、锑和树脂,将其加热凝固,并在铅芯外面裹上纸条,发明了铅笔。

▶ 1812年,美国一位名叫威廉·门罗的木匠,给铅笔"穿"上了木头外衣。他在两根刻有凹槽的木条中,嵌进一根铅芯,再把两根木条对拼粘合起来。

▶ 美国画家李普曼用一小块薄铝皮,把橡皮头和铅笔的一头包起来,发明了橡皮头铅笔。后来,这个专利被一家铅笔公司用50多万美元的巨款买下,穷画家变成了富翁。

铅笔那些事儿

- "铅笔"这个名字至今还是一个错误。原来,做铅笔的那种黑色的矿石并不是铅,而是石墨。

- 在希腊语中,石墨就是"写"的意思。可见,石墨是同人类书写最有缘分的一种矿物。因为"铅笔"这个名字被叫熟了,所以人们才将错就错,将这个名字沿用到了今天。

- 现在的铅笔芯是瓷土和石墨混合制成的。两种成分的比例不同,制出来的笔芯软硬就不一样,写出来的字,颜色也就有深有浅。

- 最常用的铅笔是HB。H是"硬"(英文hard)的意思,B是"黑"(英文black)的意思。B和2B的铅笔含石墨较多,色泽较深,质地较软。

3. 记者与圆珠笔

约公元前 1300 年，希腊人用削尖的骨头或青铜杆在蜡板上刻字。公元前 433 年，中国人已使用毛笔书写方块字。公元前 500 多年，削尖的羽毛笔已出现。19 世纪，钢笔成为人们普遍使用的书写工具。那么，至今仍享有盛名的圆珠笔是谁发明的？

20 世纪 40 年代中期，匈牙利记者拉迪斯洛·比罗在访问一家报社的时候，发现一种速干墨水，便想制造一种不会使手上和纸上沾墨渍的笔。他先将一根小钢管灌满速干墨水，然后把钢管的一端封起来，另一端留出一个小小的出口，让墨水从小出口漏出来。可是，小出口容易把纸张划破。他又在出口上装一撮像中国毛笔那样的小毛，这样出来的墨水又太多了，常常把纸张弄得一塌糊涂，效果还是不理想。

然而，就在比罗黔驴技穷的时候，一个湿漉漉的小球从外面滚了进来，原来邻居家的小孩子玩球时，不小心让球滚到家里来了。他伸

手想去捡球时，球滚过的地板上留下的一行清晰的水渍印映入了他的眼帘。

"对呀，在小钢管的一端装上钢珠球作为笔尖，让墨水通过钢珠的转动印到纸上。"比罗忽然来了灵感。于是，他又做起了试验。他找来一根圆管，在圆管里装上油质颜料，又把笔尖改成钢珠。这样在书写时，墨水随着圆球的滚动，就留在纸上了。这种笔书写起来非常流畅，而且字迹不会模糊。笔管内的油墨也不易溢出，不会弄脏手，也不会弄脏纸。

于是，世界上第一支圆珠笔诞生了。比罗于1943年6月向欧洲专利局申请了专利。

现在，圆珠笔经过漫长的发展过程，出现了可擦圆珠笔、香木圆珠笔、荧光圆珠笔、金属圆珠笔、半金属圆珠笔等。它方便、耐用，成了大众化的廉价书写工具，广泛出现在学校和办公室，也备受新闻记者们的青睐，成了他们理想的采访工具。

知识链接 你真的了解圆珠笔吗？

▶ 圆珠笔内最重要的部分是笔尖的一颗金属小圆珠。小圆珠经精心打磨，可把笔内的易干油墨传送到纸上。

▶ 小圆珠一般是由软钢或不锈钢制成的，直径0.5毫米，研磨的精确度特别高，误差也极小，低至几千分之一毫米。

▶ 小圆珠经过独特的设计，嵌在一个铜或钢的小罩框内，因此能

"偷懒"的人类 妙手使巧力

灵活转动。小罩框顶边稍微向内弯曲,这样,就能确保小圆珠不会脱落。

❓ 想一想 圆珠笔与原子弹有关吗?

有人认为:

二者没有关系。原子弹是一种核武器,而圆珠笔是一种书写工具,两者有天壤之别。

还有人认为:

二者有点儿关系,原子弹是第二次世界大战的产物,而圆珠笔是原子弹爆炸成功后发明的。

🎓 小博士说

第一种观点是错误的,第二种观点不完全正确,而且没有讲到关键处。比罗发明圆珠笔后,英国的一家飞机制造厂就推出了首批商业化的圆珠笔。与此同时,美国有一位名叫雷诺的商人,觉得这种圆珠笔有很大的经济价值,就一边对圆珠笔的外形进行改造,一边展开声势浩大的宣传工作。当时,正好原子弹在美国制造成功。他为了招徕顾客,就别出心裁地将这种圆珠笔改名为"原子笔"。他的宣传广告几乎遍及全球,使原子笔一下子闻名世界,走进了千家万户。

4. 用机器写字

不论哪一种笔，都是用来书写的。真正让手解放，实现书写的机械化，是打字机的问世。它被西方历史学家称为"人类文化史上继造纸术和印刷术之后的第三项文化工具的发明"，谱写了书写史的新篇章。

发明打字机的是美国人克里斯托弗·肖尔斯。

名人档案馆

姓名：克里斯托弗·肖尔斯（1819—1890）

国籍：美国

成就：发明了世界上第一台真正有实用价值的打字机。

经历：肖尔斯一生做过多种工作，当过印刷工和报纸编辑，还办过几份报纸，当过邮政局的局长，可是没有一项工作能像他发明打字机这样让他名垂史册。而他发明打字机的灵感，是从他妻子那里得来的。

"偷懒"的人类 妙手使巧力

19世纪时,办公室里的办事员坐在写字台前不停地书写订货单、发货单、商务函件和各种各样的报表,机械、枯燥、劳累,加班加点是常有的事儿。那时的人不像今天在办公室的人,用一部电话、一台电脑,敲击一下电脑键盘就可以轻松工作。

当时,美国青年克里斯托弗·肖尔斯的妻子就是这样一位辛苦的抄写员,在一家公司当秘书,整天抄写文件,每天晚上都要忙到很晚才能睡觉。可是,除了心疼妻子,还有什么好办法吗?当时,肖尔斯自己是一家机械厂的工人,看着妻子不分白天黑夜地抄写,怜爱地说:"我小时候听祖母讲过一个故事,故事里一位叫普西的神仙有八只手。亲爱的,我真希望能多长出两只手来帮助你抄东西。"

"别说傻话,你要是多生两只手,那不成妖怪了?"妻子说,"我可不想你成那样。"

"噢,对了,以前听说有人研究会写字的机器,可惜没有研究成功就去世了。如果有那种机器,你就不用这样辛苦了,而且一定比你用手写快得多。"

"真的?那太好了!"妻子激动地说,"可是什么时候我们才能有这样的机器呢?"

"会有的。我来想办法。"肖尔斯对妻子深情地许诺。

一诺千金。肖尔斯是一个做事认真踏实的人,而且很愿意动脑筋,第二天就开始钻研这项工作。他请教这方面的制造专家,查阅了许多资料,并从一个叫白吉纳的人那儿找来了一架杉木板钉成的机体模型，如获至宝，把它搬回了家。

白吉纳的这架机体模型是他的朋友设计制造的。遗憾的是，这位朋友不到40岁就去世了，只留给他一个美妙诱人的设想——"用机器书写"。然而，白吉纳为此奋斗了十年，仍没有搞出什么名堂来，便自暴自弃，认为自己没有发明的天赋，就把模型放在小阁楼的储藏室里。

肖尔斯为了减轻妻子的负担，对发明写字机器满腔热情。可是"看花容易绣花难"，在研究中，他发现困难远比自己想象的多，仅字臂的设计就令他非常苦恼：如果字臂太长，既复杂又不实用，太短又不能运用自如。

肖尔斯陷入了焦虑、迷茫之中。

一天晚上，肖尔斯由于白天工作辛苦，非常疲惫，早早就上床休息了。当他一觉醒来的时候，发现妻子还在灯光下伏案工作，他便一骨碌坐了起来。然而，就在他抬头望妻子的刹那，墙上印着他妻子写字的侧影，顿时激起他心中的火花：灯光下妻子那美丽的影子，不就是我冥思苦想的打字机的造型吗？如果把妻子的头当作写字键，弯曲

"偷懒"的人类 妙手使巧力

的臂当作字臂,这种结构岂不是最理想的设计吗?

看着,想着,肖尔斯竟然悄无声息地来到了妻子的身边,把正在全神贯注抄写的妻子吓了一跳。他一把抱住心爱的妻子,高兴地大叫起来:"亲爱的,我将有打字机啦,我将有打字机啦!"

看着丈夫高兴的样子,妻子深受感动。

四年多后,肖尔斯终于研制出一台像缝纫机那样的打字机。起初,肖尔斯在使用这种打字机打字时,只要手指动作稍快一点儿,打字的金属杆就会产生互相碰撞的现象。经过一番苦思冥想,他又找来一本字典,粗略地统计了英语中哪些是最常用的字母,重新安排了按键的位置,把常用字母之间的距离,都排得尽量远一些,让手指移动的过程尽量延长,从而保证手指、按键、金属杆有条不紊地连续运动,终于流畅地打出像印刷出的精美的字来:"第一个祝福,献给所有的男士,特别地,献给所有的女士!"

望着自己辛辛苦苦钻研多年的劳动成果,望着妻子因加班加点抄写而憔悴不堪的倦容,肖尔斯激动极了。这一年是1867年,世界上第一台真正有实用价值的打字机诞生了,终于把人们从机械的抄写中解放出来了。第二年,肖尔斯获得了打字机的发明专利权。

知识链接 前人的探索

▶ 18世纪初,英国工程师米尔发明了一台能打字的机器,安妮女王还亲自向他颁发了专利证书。遗憾的是,他没有留下任何图纸和模型,这项发明专利就基本失传了。

▶ 1829年,美国人伯特发明了伯特家庭字母打字机,第一次获得了美国的打字机专利。然而,这台打字机没有得到很好的应用。

▶ 1833年,法国的普力简设计制造的打字机有了现代打字机的雏形,向实用阶段迈出了较大的一步。但是,世界上第一台真正改变人类书写历史的打字机,还是肖尔斯打字机,不论是技术、品牌和影响力都是空前的。

▶ 世界各地的文字不同,打字机的构造也有所改变。大多数打字机约有50个键,而中文打字机则有一个可容纳两三千铅字的字盘,其总体结构没有太大的变化。

从打字机到键盘

打字机诞生之后

这是雷明顿脚踏式打字机。

▶ 1873年,美国武器制造商雷明顿公司看到了打字机的潜在商机,接手了肖尔斯的打字机生产业务。

▶ 在1876年的世界博览会上,因贝尔的电话出现,打字机没有引起客户的注意。雷明顿公司没有气馁,仍然千方百计地推销这种打字机。经过三年时间,公司生产和销售了数千台打字机,打字机渐渐流行起来。

▶ 世界上最早招聘打字员的广告是1875年在纽约一家报纸上刊登的,每周工资20美元,是当时女售货员一周工资的三倍。

▶ 世界上第一部用打字机写出来的小说是《汤姆·索亚历险记》。这部作品是美国作家马克·吐温于1875年用雷明顿牌打字机创作的。

5.用手指拨弄珠子来计算

在与手相关的发明创造中,除了用来写字的笔以外,在中国最常用、最知名的应该是算盘。用算盘计算,也叫珠算。算盘是我们祖先发明的一种简便的计算工具,算得既快又准确。

算盘起源于中国,由春秋时期就有的"算筹"发展而来。有学者认为,真正意义上的算盘出现在唐朝。古人把算珠串成一组,一组组排列好,放入框内,然后用手指迅速拨动算珠进行计算。到了元、明时期,人们通过背诵口诀、拨珠练习等,即使不懂原理,也能掌握珠算法。珠算渐渐普及并广受欢迎,后来还传到了海外。

在计算机已被普遍使用的今天,古老的珠算不仅没有被废弃,而

且因它的灵便、准确等优点，在许多国家仍被继续使用，并正式成为人类非物质文化遗产。

与算盘有异曲同工之妙的机械式计算器，由17世纪法国数学家、物理学家帕斯卡发明。帕斯卡出身于一个贵族家庭，爸爸是税务统计师。有一次，小帕斯卡帮助爸爸统计税务数据，拿着一沓厚厚的纸，进行着一次次复杂的计算。父子俩累得汗流浃背。小帕斯卡下决心研制一种会计算的机器。

1642年，他利用数的十进制原理，用齿轮来表示各个数位上的数字，并通过齿轮的比进行进位。在设计制作时，高位上的齿轮每转一圈，就带动低位上的齿轮转十圈，齿轮互相咬合，顺利解决了计算与自动进位的问题。后来，帕斯卡的加法器终于问世：它的外壳用黄铜做成，长约35厘米，宽约15厘米，机器里装上了圆环和齿轮，能用连加的方法来计算乘法，连减的方法来计算除法。它是人类历史上第一台机械式计算工具。

帕斯卡与他发明的加法器

虽然与我们今天使用的电子计算器相比,帕斯卡加法器既慢又麻烦,因为每算一次,机械都要回到零位才能继续使用,但是它极大地减轻了帕斯卡父子处理数据的工作量,而且非常适合当时法国找零钱的换算。人们称帕斯卡加法器是"会算账的机器"。

知识链接 珠算往事

▶ 人们往往把算盘的发明与中国古代四大发明相提并论,北宋名画《清明上河图》中赵太丞家药铺柜就有一架算盘。

▶ 珠算由于方便、快捷,一直被中国古代劳动人民普遍使用。即便如今已进入电子计算机时代,算盘仍在一些地区发挥作用。

▶ 2013年12月4日,联合国教科文组织宣布,中国珠算项目被列入教科文组织人类非物质文化遗产名录。

知识链接 现代计算机，算得有多快呢？

中国的超级计算机"神威·太湖之光"，每秒最多可执行12.54亿亿次的计算。系统有1000万个核，它在一分钟可以完成的计算量，相当于全球72亿人用计算机不间断地计算32年。尤其重要的是，它使用的都是中国自主研发的处理器芯片。2023年11月，它在全球超级计算机500强中排名第11位。

6. 活字印刷术那些趣事儿

毛笔、铅笔、圆珠笔等各种各样的笔的问世，以及打字机的诞生，都和手密切相关。还有一项重要的发明不能不说，那就是印刷术。这一古老的技术，让手不需要重复誊写相同的内容，非常有效地减少了手的劳动量。

印刷离不开纸。纸是汉代发明的，是一场书写材料的巨大革新，它比过去的甲骨、简牍、金石和缣帛等要轻便、经济多了，可是抄写图书还是非常费工的，远远不能适应社会的需要。5世纪，摹印和碑石拓印出现了。唐代，雕版印刷术出现并逐渐普及。那是一种按照图文的原稿制成印版，在纸或其他材料上印出图文的技术。它对文化的传播起了重要作用，但也存在明显缺点：一是雕版费时费工费料，二是

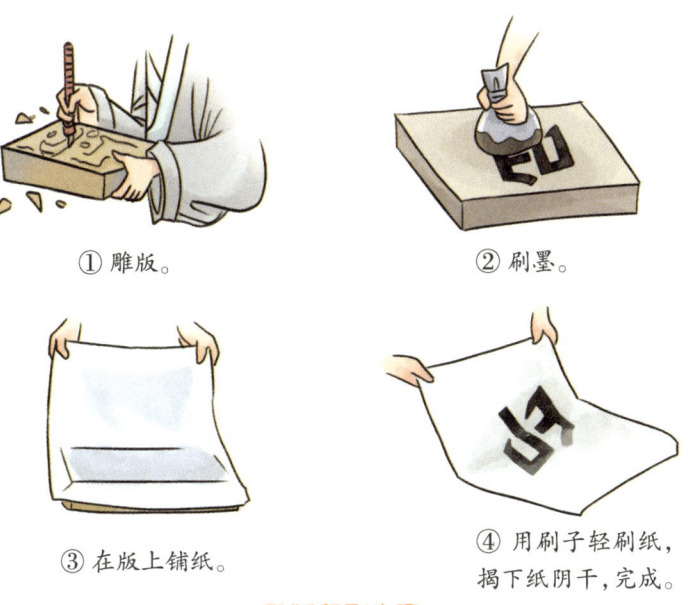

① 雕版。　　② 刷墨。

③ 在版上铺纸。　　④ 用刷子轻刷纸，揭下纸阴干，完成。

雕版印刷步骤

名人档案馆

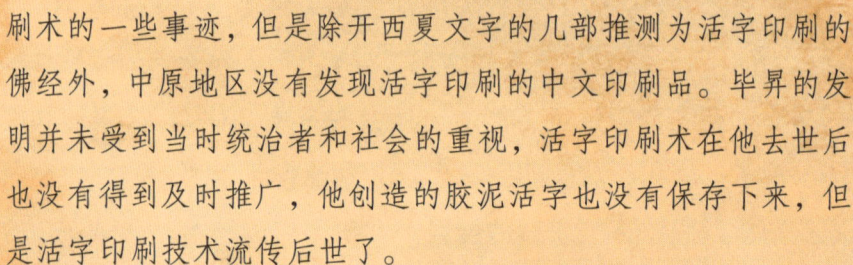

姓名：毕昇（？—约1051）

国籍：中国

成就：发明活字印刷术。

经历：北宋著名科学家沈括的名著《梦溪笔谈》里记载了毕昇发明活字印刷术的一些事迹，但是除开西夏文字的几部推测为活字印刷的佛经外，中原地区没有发现活字印刷的中文印刷品。毕昇的发明并未受到当时统治者和社会的重视，活字印刷术在他去世后也没有得到及时推广，他创造的胶泥活字也没有保存下来，但是活字印刷技术流传后世了。

大批书版存放不便，三是有错别字不容易更正。直至北宋的毕昇发明活字印刷术后，这些问题才得以解决。

北宋时期，雕版印刷术已被普遍使用。雕版印刷就是在较坚硬的整块木板上雕刻出反体、凸起的文字，经铺纸、刷墨、加压后得到了正写文字的复制品的方法。毕昇家附近就有一个书坊，他常常看到书坊里刻满字的整块木板堆积如山，这些木板用于印刷后又没处放，只好被拿来当柴烧。对此，毕昇感到很可惜，询问书坊里的工人，工人也摇头叹息，感到无能为力。

能不能改进一下雕版印刷方法呢？毕昇心中渐渐萌发了改进雕版印刷的念头。

第二章 笔

起初，他用木头刻成字来印刷，可是每个活字的木纹不一样，着墨后膨胀的程度也不一样，有的膨胀得快，有的膨胀得慢，笔画也粗细不均。后来，他受到制陶工匠的启发，做了一个试验。

他把一个个单字刻在泥巴做的方块上，然后将泥块烧成一块块小瓷块。印书时，就把要用的小瓷块搬过来，排在铁板上，用铁框箍紧；不用时，就把小瓷块堆放起来。可是，印的次数多了，这些小瓷块就会松动，有的字印得模糊不清，有的字根本印不出来。

毕昇没有被困难吓倒。他心想：我一定要找到一种印刷的好方法。

经过一番探索，他终于想出了一个切实可行的办法：在铁板上放一层黏合材料，像松香、蜡和纸灰等。将铁板加热后，用平板压一下。等冷却后，满满一板活字就平整地粘在一起了。用完后，再将铁板加热，活字就可以一个个拿下来了，以后还可再用。为了适应排版的需要，一般常用字的活字都备有几个甚至几十个，如"之""也"等字，每个字制成20多个活字，一版内有重复字时可以使用。没有准备的生僻字，则临时刻出活字，用火马上烧成。为了方便，他还巧妙地根

"偷懒"的人类 妙手使巧力

①用胶泥制作字坯。

②在字坯上刻字，将其用火烧硬。

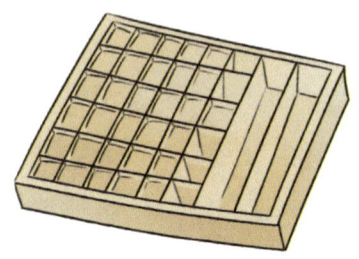

③用胶泥活字排版。

④用火对铁板加热，将胶泥活字压平、冷却、固定后，制版完成。

⑤在版上刷墨、覆纸、加压，揭下纸阴干，印刷完成。

活字印刷步骤

据字的韵部，将3000多个常用的活字分门别类存放在木格子里，贴上纸条标明。如果下次要用这些活字，能很快找到。在印刷过程中，通常是两块铁板交替使用，一块板在印刷，另一块板在排字，第一块板刚印完，第二块已经做好，极大地提高了印刷的速度。印完以后，用火把药剂烤化，用手轻轻一抖，活字就会从铁板上脱落，再按韵放回原来的木格里，以备下次再用。

就这样，活字印刷术诞生了。它具有一字多用、重复使用、印刷多且快、省时省力、节约材料等优点。活字印刷术是印刷技术史上的一次伟大革命，对后世印刷术乃至世界文明的进步有着巨大而深远的影响。

有生命力的活字印刷术

▶ 元代,木活字出现了。元代一位叫王祯的农学家,设计了一种转轮排字架,活字按照韵来排列。人们排版时转动轮盘,可以很方便地拿取活字。王祯用木活字排印了《旌德县志》。他还在著作《农书》的末尾系统地叙述了活字印刷术。到了清代,木活字印刷术得到空前的发展。

▶ 19世纪,安徽人翟金生,读了《梦溪笔谈》中叙述的毕昇泥活字印刷术后,用30年时间,制泥活字10万多个。1844年,他印成了《泥版试印初编》,以自己的实践证明了毕昇的发明是可行的。

▶ 金属材料也被用来制作活字。1450年左右,德国人谷登堡用铅合金制成活字版,用油墨印刷,为现代金属活字印刷术奠定了基础。据史料,谷登堡的发明受到中国印刷术的影响。15—16世纪,铜活字印刷术流行于我国的江苏无锡、苏州、南京一带;这一技术到清代更为盛行。

7. 神奇的汉字激光照排系统

打字机的发明，使传统的书写实现了机械化，而伴随电脑诞生的汉字激光照排系统，让手告别了"铅与火"，走进了"光与电"的时代。

汉字激光照排系统利用计算机进行中文报刊和图书的文字录入、编辑校对、图文组版和激光扫描输出印版。它与我们的生活随时都在发生联系。如果没有王选的发明，要把汉字、照片等变成电子文件，

名人档案馆

姓名：王选（1937—2006）

国籍：中国

成就：研制汉字激光照排系统。

经历：王选出身于一个知识分子家庭。17岁那年，他考进了北京大学数学力学系。1958年，21岁的王选毕业后留在北大无线电系任教。从此，王选与计算机结下不解之缘。1961年，王选将研究方向转向软件，从事软硬件相结合的研究。后来，王选总结自己的发明经验，说："在科学研究中，看准方向和目标并有了正确的技术路线和方案后，就要持之以恒，需要十年磨一剑，甚至时间更长，需要忍受各种不适当的、急功近利的评估方法的干扰。"可见，成功来之不易啊！

是很费时、耗力的。

20世纪70年代，人类进入信息大爆炸时代。1974年8月，中国推出了"748工程"这一汉字信息处理技术的重要研究项目。该工程有三个子项目，王选从事的是汉字精密照排系统的研制。在此之前，汉字排版软件的研究已备受关注。王选以一个科学家的眼光认识到这个机遇的来临，更意识到振兴民族产业的庄严使命，从而挑起了这个项目的重担，决心为国争光。从此，王选拉开了他研究汉字激光照排系统的序幕。

1976年，王选在调研了国际技术发展方向后，大胆做出决策：跨过日本流行的第二代光学机械式照排系统、欧美流行的第三代阴极射线管式照排系统，直接研制国外尚无的第四代激光照排系统。

于是，他对汉字输入技术开始了研究。他除了完成教学任务，将几乎所有的时间都用来研究汉字。他从每一个字的偏旁入手，分析出字根特点，然后画图、统计，希望能用几十个键把成千上万的汉字输入计算机。

"偷懒"的人类 妙手使巧力

"王选呀,把汉字输到计算机中,不是那么容易的。想想看,英语只有26个字母,而汉字多达6万多,就是常用的也有3000多个,这样大的阵容能进入小小的计算机吗?"一位关心他的朋友笑着说,"别自讨苦吃啦!"

"要是没有人解决这个难题,我们的汉字就永远与计算机无缘了。"王选说。

"哎,你真是杞人忧天,玩计算机的人学英语不就得了?"朋友继续劝着。

"那……那不会英语的中国人就不会计算机,不会计算机的中国人就跟不上信息时代啊!"王选说不下去了。

他想,越是这样,自己越要研究。王选深知,这时国外的照排系统已经进入第三代,第四代也正在研制中,如果我们不解决汉字输入系统的问题,不迎头赶上来,也许中国会被信息时代抛得越来越远。当时阻力很大,许多参与研究的人主张开发研究第二代,可是王选提出必须一步到位。无疑,这一步迈得够大。

领导和参与研究的专家都摇头了,私下也有许多议论。

王选想:他们不相信,我就自己干,一定要干成! 王选继续埋头深入研究。经过无数个日夜的研究,他完成了1∶500的高倍率汉字字形信息压缩方案;之后,他又一鼓作气,发明了汉字字形信息高速还原技术、不失真的文字变倍技术。至此,离成功的路只有一步之遥了。这时候,传来了英国的蒙纳公司要占领中国的汉字激光照排系统市场的消息。

"天哪,我们中国人要用外国人的汉字照排机?"王选不敢相信这是真的——不能这样愧对祖先哪! 王选加快了研制步伐,向一个个堡垒发起了进攻。

1979年7月27日,汉字激光照排系统的第一台样机调试完毕。英国那家公司知道这个消息后,惊得目瞪口呆。这是中国印刷史上继活字印刷后1000多年来最伟大的发明之一。王选被称为"汉字激光照排系统之父",也被誉为"中国现代汉字印刷革命的奠基人"。

知识链接 一步步发展的激光照排技术

▶ 1987年12月2日,这是一个历史性的日子,也是王选和他的同事们永远难忘的一天。《经济日报》的排版工人不再用铅字排版,采用了计算机激光照排的方法。

▶ 1988年,北大新技术公司开始全面推出北大方正系统,接着又推出报纸大屏幕组版技术、采编流程的计算机管理和新闻综合业务网络。

▶ 到1991年,全国99%的报社、90%的出版社和印刷厂采用了方正激光照排这一技术。

▶ 1992年,《人民日报》社已经能通过卫星向全国22个城市传送版面。从此,全国大多数地区的人都在同一天看上了《人民日报》。

▶ 1994年,王选带领北大科研团队研制出高档彩色桌面出版系统,又引发了报业和印刷业的技术革新。

第三章 刀

多变的利器

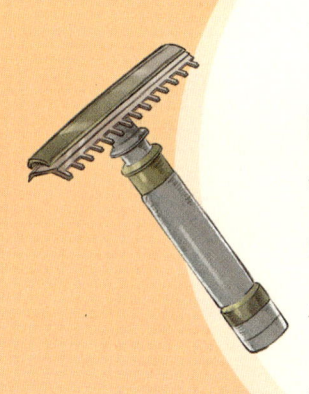

人类发明了锋利的刀。它是"十八般武器"之一,也是用来切、削、割、剁、刺的工具。从石刀、铁刀、钢刀,再到轧棉机、车床、收割机等,这些发明巧妙延伸了手的功能,从另一个角度展示了人类的创造力。

"偷懒"的人类 妙手使巧力

现实生活中，手指能不能像刀那么锋利呢？武功高强的人，能以手为刀劈开砖头，那些气功大师还能用一根指头捅破动物皮肉……千百年来，人类为了更好地生活，努力把手的作用发挥到极致。刀的出现，让手的功能得到延伸，也让人类的生活有了很多便利。

各式各样的刀

1. 剃须刀的"前世今生"

雄狮子会长鬃毛,男人会长胡须。可是,作为男性标志的胡须困扰了人们几千年,也留下了太多的故事。剃须刀实在太普通,又太让人放不下。

最原始的剃须工具是石头、贝壳或者其他锋利的东西,后来又出现了青铜、黄铜等金属剃毛器具。我们也可以推想一下,由于青铜或石刀片太钝,而且剃不干净,理发师一定让你痛得死去活来。当然,要是当上古埃及国王,那就不一样了,他们有特制的剃刀呢。他们去世后,通常会有理发师陪葬,也不会忘记带上那把剃刀。

转眼到了中世纪,那时的欧洲男人剃须越来越普遍。为了减轻疼痛,剃须前往往要用肥皂软化胡须(现在这种方法也仍在使用)。那时,肥皂是稀缺而昂贵的物品,而廉价的肥皂是用碱液制成的,剃须时会刺激皮肤,再加上不锋利的剃须工具,剃须不但不干净,而且让男人很痛苦。

直到 18 世纪末,出现了理发店,剃须刀才被专业理发师使用。当然,用这种方式剃须价钱很高,普通人承受不了。在那时男人们的心中,关于胡须的美好愿望是什么呢?每天早晨起床后,能对着镜子自己剃掉胡须。对,就这么简单。

"偷懒"的人类 妙手使巧力

果然，在这一梦想的驱动下，有人发明了安全的剃须刀。真正撬动世界的吉列剃须刀问世，还是19世纪末的事情。

名人档案馆

姓名：金·坎普·吉列（1855—1932）

国籍：美国

成就：吉列剃须刀的发明者，创建了闻名世界的吉列公司。

经历：16岁那年，吉列被迫辍学，开始走向社会，寻找一份自食其力的工作。可是，他既没有学历，又没有经验，最容易找到的工作就是推销员了。随后，他在推销员岗位上干了整整24年，竟然创造了闻名世界的"吉列剃须刀"。

1895年夏天的一个早晨，美国威斯康星州有个叫金·坎普·吉列的推销员，正在用一把剃刀刮脸，想以整洁的面容去见客户。这把剃刀用的时间太长了，又旧又钝，脸皮被刮得火辣辣的。天又那么热，他急得满头大汗。结果他一用劲，又将脸皮刮破了，鲜血直往外冒。他又气又恼。

为何不自己来设计一个使用起来既锋利又安全的剃刀呢？他忽然萌发了这个念头。

于是，他费尽心思，在一位工程师的帮助下，在1901年，终于成功地生产出世界上第一把安全剃须刀。

剃须刀的发明,给世上的男性带来了方便。多亏吉列先生进行了一场别开生面的"面颊上的革命",男性彻底与用老式剃刀刮胡子的年代告别。

当年吉列剃须刀的销量并不好,但吉列并未气馁,坚信这种剃须刀一定会受到全世界男士的青睐。第一次世界大战时,美军和法军为了军队仪容整洁,士兵都配发了吉列发明的T字形安全剃须刀。吉列剃须刀从此名声大振,吉列那张蓄胡须的脸作为商标,也随吉列公司的刀片一块儿抵达世界各地。因此,他的脸被人们称为"世界上最有名气的一张脸"。

拓展阅读

古人的胡须有讲究

▶ 古希腊人是留胡须的,对于他们来说,胡须象征的是男子气概和智慧。古埃及人是要剃须的,与古希腊人正好相反。

▶ 在古希腊,剃掉别人的胡须是一项罪行,会被罚款甚至关进监狱。没胡须被认为是可耻的,因此"剃须"也被当作一种刑罚。

▶ 我国古代人的胡须很有讲究,不同的朝代对胡子的审美也不同。秦汉时男子特别喜欢留胡子,以"胡须多"为美;唐宋时染胡子很流行。

▶ 南朝时出现刮胡子现象,贵族子弟都要熏衣刮胡子;而出家人必须剃除须发。

2. 家庭教师与轧棉机

在原始社会，古人用石头、蚌壳、兽骨打制成各种形状的刀，再后来有了既轻便又锋利的各种各样的刀，不论是防身，还是进攻，都比手厉害哦。不过，用刀一样的工具代替手来剥棉籽，那还是200多年前的事，历史并不长呢。

早在哥伦布发现新大陆以前，北美原住民就已经在种植棉花。到了18世纪中期，全世界对棉花的需求量很大，可是适合美国南方种植的高地棉的棉桃十分难剥，只能靠一双手慢慢剥下棉花。

18世纪末，美国人伊莱·惠特尼从耶鲁大学毕业后，由于一个偶然的机会，来到美国南方一家种植园当家庭教师，辅导种植园主的孩子学习。在这家种植园，惠特尼接触到了为园主种植棉花的黑人奴隶，看到他们在收摘棉花时，双手红肿、破裂，甚至连指甲都脱落了，心中

感到十分不解：采摘棉花会这么累吗？

从没有做过农活儿的惠特尼决定到田间弄个究竟。他从黑人奴隶口中了解到，棉花是牢牢地长在棉壳里的，剥开一个小小的棉桃，也要费好长时间。据测算，一个成年黑人，要从3磅（1磅约等于0.454千克）棉桃中剥出1磅棉花，要连续干10个小时……

"能不能发明一种会轧棉的机器呢？这样，棉花就能快速从棉桃里脱落出来了。"惠特尼向园主妻子格琳夫人提出了自己的设想。

"好是好，可是谁会制造呢？"格琳夫人问。

"我可以试试。"惠特尼充满信心地告诉格琳夫人，他先前学过机械制造，希望能够尝试一下，用机器提高劳动效率。

格琳夫人高兴地同意了。从此，惠特尼除了教导孩子以外，一有空闲便到种植园里，仔细地观察黑人剥开棉桃的动作。他想，关键是要制造出一种机械手，代替人的手来做这件事。他构思着机械手的样子……

1793年，聪明能干的惠特尼果然设计出了一种结构简单的装置，里面有带细钩的圆筒、一对转动的齿轮，还有一把刷子能不断清扫转

轧棉机

动的滚筒。他用一个大木箱把这些设备装起来，装置上方有一个口可以装入棉桃，侧面有一个口能出棉絮，外侧还有一个简单的摇把。经过试验，惠特尼的机器可以提高50倍的工效，而且黑人奴隶不再用手剥棉桃，只用把棉桃送进机器的入口，再摇着箱外的摇把，就能让机器吐出白花花的棉絮了……

惠特尼把这种机器叫作"轧棉机"，并申请了专利。他与别人合伙，开始制造更多的轧棉机。后来，惠特尼把它改进成以水为动力的新型轧棉机。轧棉机有力地促进了美国种植业的快速发展。

轧棉机发明前后

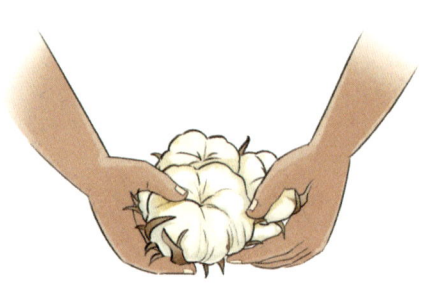

▶ 轧棉机发明之前，每年从殖民地运往欧洲的棉线大约只有400捆。1793年轧棉机投入使用之后，这个数字增加到3万捆。

▶ 如果按重量计算，轧棉机发明的前一年，美国棉花出口不到14万磅；轧棉机发明的第二年，棉花出口超过627万磅，短短3年间增加了40多倍。

▶ 美国棉花产量在此后平均每10年就要翻一番，1860年达到20亿磅。

▶ 有了惠特尼发明的轧棉机，棉花种植面积疯狂地扩张，美国很快成为"棉花王国"。轧棉机被视作"美国农业上头等重要的一项发明"。

第三章 刀

> **想一想** 手工清理籽棉，轧棉机清理籽棉，两者差距在哪儿？

有人认为：

仅靠一双手来清理籽棉，费时又费力，工效也很低。

还有人认为：

轧棉机的发明不仅解放了手，而且点燃了人们迎难而上、勇于发明创造、攻坚克难的激情，为后来的机械制造打下了基础。

小博士说

　　两种观点都是正确的。仅从劳动量来评价，这项发明的成果也是惊人的：用手一天只能清理1磅籽棉；使用水力或蒸汽驱动的轧棉机，每天可清理1000磅籽棉。这种轧棉机操作简便，而且比手工方法摘得更干净。

3. 世界上第一台现代车床

刀具的材质，从石头到铁器，是一个了不起的进步。到了18世纪，金属加工厂的旋床已经有锋利的削刀了，具有"削铁如泥"的本事，这是手指无论如何也做不到的。世界上第一台现代车床的问世，对"手"来说，真是天大的喜事儿。发明车床的是英国发明家亨利·莫兹利。

名人档案馆

姓名：亨利·莫兹利（1771—1831）

国籍：英国

成就：现代车床的发明人，被称为英国"车床之父"。

经历：莫兹利小时候没有受过正规的教育。12岁时，他走进一家制造兵器的工厂，在这里劳动了约两年。14岁时，他又到一个细工木匠那里当学徒工。莫兹利虽然对机械感兴趣，却没有直接摆弄过机械。15岁那年，他说服了父母，到家附近一个铁匠铺当了一名学徒，加工铁制品，学到了一手加工金属的好手艺。

12 岁时，莫兹利在一家工厂当学徒，发明车床的愿望就在他心里深深地扎根了。有一天，他看到旋床飞速旋转，把木头削得木花飞扬，感到既快乐又刺激。时间一长，他才知道这种旋床非常危险，工人从事这种工作很累，拿着锋利的削刀一点儿也马虎不得。

"削木头这活儿太辛苦了，不但要用脚不停地踩蹬踏，还要用手操削刀，一分一秒都不轻松。能不能发明一种自动车床，不用脚踩，也不用拿削刀？"莫兹利认真地对师父说。

"别胡思乱想了！"师父严肃地说，"做旋工千万不能大意，这不是闹着玩的！"

当然，莫兹利的希望是不可能实现的。老板只想他做一名能拿削刀的工人，哪想他搞什么发明创造？不久，莫兹利带着满腹的惆怅离开了这家工厂。

1784 年，英国机械师布拉默发明了安全锁具。他自己开办的一家防盗锁厂大批量生产布拉默锁。听说莫兹利对机械制造特别感兴趣，而且在这方面有一些研究，布拉默就聘请他到防盗锁厂来当机械师。

"偷懒"的人类 妙手使巧力

这真是天赐良机,莫兹利对布拉默的知遇之恩感激不已,来到他的工厂后,下决心要为他出力。

不久,莫兹利就在防盗锁厂干出了成绩,改造了一些机械设备,提高了工作效率,与布拉默也结下了深厚友谊。

"布拉默先生,我想对这旋床进行改造,您同意吗?"有一天,莫兹利对布拉默说,"我曾经操作这种旋床达6年之久,可是这机器还是老样子,工人还是这样手脚并用,辛苦极了。"

"好吧,只要你想干,就干吧!"布拉默十分支持他,笑着拍了拍他的肩膀。

说起来容易,做起来难:到底怎么改造呢?从哪儿入手呢?莫兹利心中一点儿底都没有,尤其是这种机器是用什么做动力,以及怎样固定削刀,这些难题都不是一下子能解决的。他为此陷入了深深的思虑……

"机械师,我们车间里的蒸汽机出故障了,您快去修修吧!"一天,莫兹利刚下班,还没有走出厂门,一位工人叫住了他。

"好的。"莫兹利愉快地点了点头。

回到厂里,技术高超的莫兹利很快把蒸汽机的毛病找到了,让机器又转了起来。

"嘿,能不能用蒸汽机作为自动机床的动力装置呢?"莫兹利听着机器轰隆隆的响声,心中突然来了灵感:将蒸汽机用作旋床的动力装置,旋床的速度会大大提高。

注意啦,提到蒸汽机,也许你会马上想到瓦特。这本身没错。其实,最先发明蒸汽机的并不是瓦特,但由于瓦特对蒸汽机进行根本性的改进,蒸汽机才真正发挥应有的作用。同样,说到车床,你以后可能马上会想到亨利·莫兹利,这也是正确的。不过,最先发明车床的人也不是莫兹利,但在他对车床进行了创造性的改进之后,车床才算真正诞生呢。

事实正是这样。莫兹利决定按照自己的设想来研制。有了发动机,又怕机器高速运转造成不稳定,他就利用铸铁制造了一个大操作台;为了解放工人的双手,他设计了一个固定削刀的刀架……经过他的多次努力,能够自动加工固定机件的、世界上第一台螺纹切削车床诞生了,它是现代车床的原型。这一年是1797年,与轧棉机的发明仅仅相隔四年呢。

4. 农民与收割机

如果说,轧棉机的发明是人类在解决"穿"这个问题上迈出的重要一步,那么车床的发明就是为了更好地制造工具、解决"用"的困难,而收割机的发明实实在在是为了"吃"着想的。如果我们看到麦浪翻滚的田野里,农民们头顶烈日、挥汗如雨地收割着大片成熟的麦子或稻子的情景,心中一定会大发感慨:唉,要是能发明一种机器来代替农民手中的镰刀,该多好啊!

今天,人们的梦想终于变成了现实,收割机不仅能收割,而且能边收边打出稻谷来呢。那么,你知道收割机是谁发明的吗? 它的发明者,是美国弗吉尼亚州的农民塞勒斯·霍尔·麦考密克。

麦考密克是怎样发明收割机的呢?

麦考密克的父亲拥有自己的农场，在经营农场的同时，还开了一个修理铺，专门修理农具。一天，老麦考密克看着眼前堆积的一大堆等待修理的农具，触景生情，心想：用坏了这么多的农具，农民收割时付出的辛劳，可想而知。

"能不能发明一种既快又省力的小麦收割机器呢？"他开始思考如何设计这种机器。

他的儿子小麦考密克，也给父亲出谋划策。经过共同努力，1816年，父子俩终于制成了第一台收割机。但是，这台收割机在实践中不能应用，以失败告终。15年后，父子俩再一次携手合作，由儿子主导，终于在1831年成功地试制了一台新型的收割机。这种收割机的效率是人工的6倍。麦考密克发明的收割机由马牵引，取代了镰刀，减少了收割农作物所需的人力，能把农民从繁重的体力劳动中解放出来。1834年，麦考密克申请了收割机的专利；1840年，他开始出售收割机。

"偷懒"的人类 妙手使巧力

知识链接 收割机小史

▶ 1808年,英国一位名叫萨尔门的人,就发明了一种"收割机"。但是,那并不是一种机械,只是在长约60厘米的木棒上装上一排刀刃工具,仍然需要用手来操作。

▶ 1826年,欧洲出现采用往复式切割器和拨禾轮的现代收割机雏形。这种收割机需用多匹马牵引,并通过地轮的转动驱动切割器。

▶ 1920年以后,拖拉机被普遍使用,与拖拉机配套的收割机取代了畜力收割机。

▶ 1952年,我国开始生产畜力摇臂收割机和其他类型的畜力收割机;1962年,我国开始发展机器做动力的收割机。

现代收割机

第四章 针

比手指舞动得更灵巧

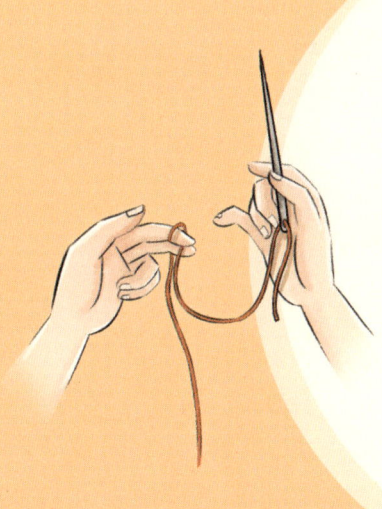

人类的双手一直在编织美好的梦想。最初,人类用双手进行编织或纺织,只是满足遮盖身体、抵御寒冷的基本需求。后来发明的机器,可以机械化地"飞针走线"。纺纱机、编织机、绱鞋机等机器诞生,对手来说,"真是帮了大忙"。

"偷懒"的人类 妙手使巧力

人类总是通过手来创造奇迹。为了让手从辛劳中解脱出来,譬如不让手一丝一缕地绩纱纺线,不让手一藤一枝地编织,以及一针一线地缝纫等,人类想尽办法,进行了各种发明创造。

1. 针的那些往事

手指很灵巧，却不像针那么尖细。有些细活儿，离开针，手指是做不了的。关于针，我们会想到武功高手用的飞针，那可是杀人的利器；也会想到中医针灸的针，多根银针能解除病痛；还会想到刺绣姑娘用的绣花针，飞针走线，绣出的是一幅美丽的图画。当然，最常见的还是普通人家使用的缝衣针。

那么，关于针，有哪些值得凝眸的往事呢？

考古学家在西伯利亚一个洞穴里发现一枚 7.6 厘米长的针，它的历史可追溯至 5 万年前。这枚针是用远古鸟类骨骼制成的，被认为是早已消失的丹尼索瓦人制造的。可见，远古的针是用动物细长坚硬的骨骼做的。这种针比较粗大，一般只能用来缝制麻、葛、兽皮等材料，制作出来的衣服也不美观。后来，人类用灵巧的手又制造出木针、竹针、象牙针和铜针。

我们读过"铁杵磨成针"的故事，可见铁针在古代就已存在。常用的金属针，是随着纺织技术的发展才出现的。早在宋代，我国就已经有了成熟的制针工艺，并且出现许多优质产品，远销世界各地。当时，山东济南刘家功夫针铺的针，是大宋制针业的一块金字招牌，也是山东的名优产品，并且有"玉兔捣药"的商标。

针虽小，可是在缝制衣物上帮了人类的大忙。如果手指会说话，那一定会对针感激不已。

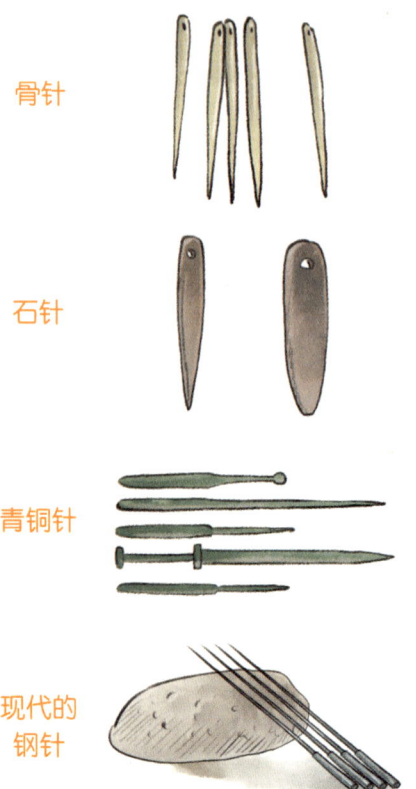

骨针

石针

青铜针

现代的钢针

知识链接 针的小史

▶ 中国的山顶洞人（距今约1.8万年）就使用骨针缝制衣物。

▶ 古埃及的废墟中发现过石针，罗马时代用的是铁针和铜针。

▶ 我们如今所用的钢针，一般认为是中国人最早发明的，中世纪传入欧洲。

▶ 欧洲第一个生产钢针的工厂，建立于14世纪德国汉堡。16世纪，一个叫格鲁斯的德国人把造针的书带到了英国，从而使英、法成了世界上主要的产针国家。

我国古人怎样铸造金属针?

▶ 先将铁块锻打成细条,铁条红热变软后,将它穿过一块钻有锥形孔的铁尺(相当于今天拉丝的模具),通过机械挤压、拉拔成细丝,这就是做针用的坯料。

▶ 再根据需要,将铁条截成针坯,把一端磨尖,另一端敲扁。再将其加热到较高温度,用比较坚硬的钢锥冲出小孔,冷却以后在磨石上磨掉飞边。这就初步完成了针鼻的制作。

▶ 经过"锻坯""拉丝""磨尖""冲鼻"这四道工序,就能初步做成针的样子;最后经过"渗碳""淬火"等工艺,人们终于将"铁杵磨成针"啦!

① 锻坯

② 拉丝

③ 截坯

④ 磨尖、冲鼻

⑤ 渗碳

⑥ 淬火

古人制针流程

2. 药王与针灸术

针的各种用途，以针灸最为出名。古人很早就知道人体经络中有穴位，而按摩或用其他工具刺激穴位有助于健康。从刺激的力度、精准性等角度来看，银针当然远胜手指。

那么，针灸疗法是怎样发明出来的呢？最初，人们的身体某一部位无意间被碰破或划伤，结果却使原有的某种病症有所减轻或痊愈，或者经过拍打、按摩，某种病症有所缓解，人们才发现刺激人的某些部位有治病效果，长期探索后形成了针灸疗法。

提起针灸，我们会想起"药王"孙思邈的故事。

名人档案馆

姓名：孙思邈（581—682）

国籍：中国

成就：唐代医学家，著有《千金要方》《千金翼方》，具有很高的医学造诣，被人们尊称为"药王"。

经历：孙思邈天资十分聪明，小时候就很爱读书。后来，他身患疾病，便立志从医。孙思邈治病救人处处为患者着想，对前来求医的人，都平等相待，而且出外治病，不分昼夜，不避寒暑，不顾饥渴和疲劳，全力以赴。他因高尚的医德，成为百世楷模。

　　孙思邈一生都在民间行医，不辞劳苦。有一次，一位患有腿部疾病的人，先后看了好几位名医，病情都不见好转。后来，他听人说，民间有一位名叫孙思邈的医生能医治百病，许多疑难杂症，他都能药到病除。于是，这人便在家人的搀扶下，来到了孙思邈的家里。

　　孙思邈询问了病情，又进行一番细致的检查。检查后，孙思邈认为这种病应该能治好，在给病人进行针灸的同时，再给他服汤药，双管齐下。出乎意料的是，经过几天的精心治疗，那人的病情不但没有好转，反而加重了。看着病人疼痛难忍的样子，孙思邈陷入了沉思。

　　晚上，他躺在床上辗转反侧，心想：我的判断是正确的，这种疗法也没有错，可是，为什么这种疗法对别人行之有效，对他一点儿效果也没有呢？难道是扎针的穴位不准？

　　突然，他眼前一亮：难道不同的人穴道的位置也有所不同吗？是不是除了医书上记载的穴位外，还有别的穴位呢？他翻身下床，拿来银针，在自己腿上没有穴位的地方连扎数针，发现有几处确实有酸、麻、痛的感觉。于是，他来到病人的房间，让病人把腿伸直，然后，一点一点往上掐，每掐一处，就问疼不疼，如果疼了，就在那个地方扎下去。过了一会儿，银针拔出来后，病人的痛苦果然减轻不少。

"偷懒"的人类 妙手使巧力

孙思邈非常高兴，在心里默默地记住了这个部位，心想：明天还在这个部位扎针。

第二天，孙思邈又来到病人的床前，准备再在那个部位扎针。谁知，当他用手掐那个穴位，问病人疼不疼时，病人竟然一点儿感觉也没有了。他非常吃惊："是不是病情改变了，穴位也发生了变化？"

他便按照原来的办法，重新寻找穴位，直到病人说疼了，就扎下去。就这样，每次扎针的部位都不同。几天下来，病人的腿疾奇迹般地好了。

然而，这个穴道没有固定的部位，怎样给它起名呢？他想：每当给病人掐穴位的时候，病人都喊一声"啊——是——疼"，干脆就叫它"阿是穴"吧！从此，中医里有了"阿是穴"。

从这个故事中，我们可以知道，隋唐时期针灸治病技术已经非常成熟了，孙思邈还发现了人体的一个新穴位。

现在，人们对古代针灸技术有了更全面的研究，针灸在现代也可以有效治疗多种疾病。随着世界各国医学的广泛交流，我国古代这一重要发明已经跨洋越海远播国外，在许多国家引起了一股"针灸热"。2010年，中医针灸被列入"人类非物质文化遗产代表作名录"。

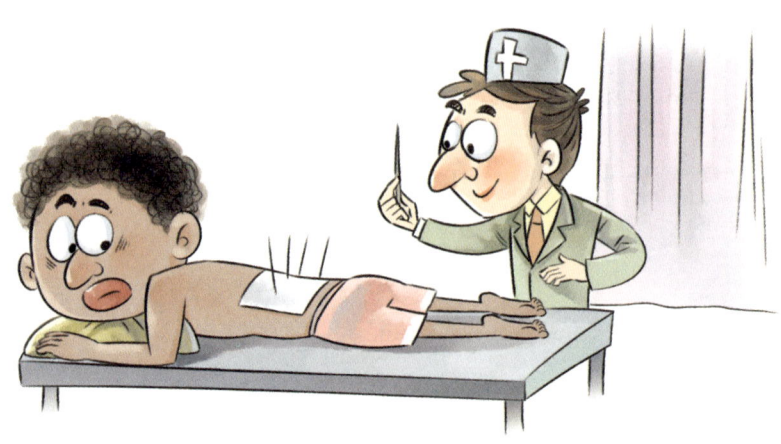

知识链接 我国古代医生使用针灸术

▶ 史料记载，战国时期的名医扁鹊就已经开始用针治病了。他曾将一名昏迷几天的病人治好，留下了"起死回生"的美名。

▶ 目前见到的最早的古代针灸用的针，是1968年在河北满城西汉刘胜墓里出土的9枚金银针。

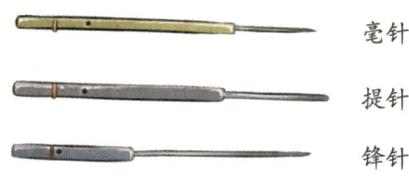

毫针
提针
锋针

满城汉墓出土的金银针

▶ 东汉名医华佗对针灸技术十分精通，找穴位精简准确，还对针灸技术有许多创新。

▶ 北宋时期的针灸学家王惟一还发明了最早的人体模型——针灸铜人，标出了人体的354个穴位，用于推广针灸技术。

拓展阅读

针灸是一种疗法，还是两种疗法？

▶ 针灸，被誉为中国"最古老、最神奇的医疗之术"。它操作简单、应用广泛、疗效迅速、经济、安全，没有药物的副作用，对关节炎、高血压、心脏病、腹痛等病症都有疗效。针灸是针刺和灸法的总称。

▶ 针刺是以银针刺入人体穴位的治疗方法，以调整人体气血。灸法是以陈艾叶搓成艾团或艾条，点火燃烧，以温度灼穴位的治疗方法，以达到温通气血的目的。

灸法

3. 从纺车到纺纱机

夏天的傍晚，在一棵老槐树下，老祖母会拿一个纺锤和一个卷线棒，然后拧转纺锤，让它像陀螺那样不停地旋转，就可以把松散的纤维捻紧成纱，然后缠绕在卷线棒上。老祖母一边纺纱，一边给孩子讲神话故事。这是以前中国孩子熟悉的场景。

其实，老祖母手里的纺锤和卷线棒，也是人类最早、最原始的纺纱工具。据考证，约从公元前7000年起，人类开始用纺纱杆和锭子纺纱。纺纱的人一只手拿着有纤维的纺纱杆，另一只手把纤维捻成一根松纱，绕在另一根棒或锭子顶端的凹槽里。锭子底下用扁平的石块或锭盘加重固定。纺纱者将锭子像陀螺那样旋转，松纱缠紧成纱线，纱线就绕在了锭子上。这种方法沿用了几千年，所制造的一些纱线品质相当好。后来，这种工具经印度人改良，改制成了纺车。纺车以机械替代手工旋转纺锤，可是只能纺出一根纱线。

时光飞逝，古老的纺车伴着无数纺纱人走到了18世纪。1733年，机械师约翰·凯伊发明了飞梭，纺织速度大大加快，纺织品却更加供不应求，这就引起了纺织业各个环节的连锁反应。没有纱线，再好的飞梭也织不出布来呀。1761年，英国皇家艺术学会专门悬赏，鼓励人们发明新型纺织机。获奖的条件是:新发明的机器要能"一次纺6根毛线、亚麻线、大麻线或棉线,而且只需要一个人开机器或看机器"。获奖的条件写得明明白白,可是谁能登上领奖台呢? 新型纺织机的研制工作一直没有进展,那些科学家、技术专家们也经常出入纺织厂,却没有一个能够如愿的。直至詹姆斯·哈格里夫斯发明珍妮纺纱机以后,才真正开辟了人类纺织业的新天地。

1765年的一天,居住在英国一个小镇上的詹姆斯·哈格里夫斯脸色阴沉地回到了家里——他是一个木工,转悠了半天也没有找到一点活儿。他的妻子是一个纺纱女工,终日不停地摇着纺车,腰酸臂痛还

名人档案馆

姓名:詹姆斯·哈格里夫斯
(1710—1778)

国籍:英国

成就:发明了珍妮纺纱机。

经历:哈格里夫斯发明珍妮纺纱机以后,并没有给自己带来好运。周围的纺纱工人认为,他的这项发明砸了他们的饭碗,所以派人砸掉了珍妮纺纱机。对此,哈格里夫斯夫妇又气又恨,只得外迁他乡。哈格里夫斯于1770年向英国当地政府申请了专利。很快,珍妮纺纱机得到纺纱厂商的认可,从而解决了困扰英国的"纱荒",也为哈格里夫斯赢得了一世英名。

"偷懒"的人类 妙手使巧力

是出不了多少纱。他们都是被剥夺土地后,流落到城镇的打工者。其实哈格里夫斯是个多面手,还会纺织,用的是飞梭织机,妻子用的是手摇纺车,一快一慢,两天纺出的线不用半天就已织完。纺不出线就织不成布,怎么能换来钱呢?哈格里夫斯回到家里,心情坏极了,便坐在织机上喊着要纱。

"纱,纱,难道我会生出纱来?"妻子见状也委屈地喊起来,"你叫我怎么办?我一刻也没有停下来啊!"

妻子说的是实情,眼睛已流出了泪水。

"可是,你这样的摇法,就是把我们的肠子都纺成线,也不够换一块面包充饥。"哈格里夫斯的火气更旺了。

妻子沉默着。她什么也不说,只是吃力地摇着纺车。

"都怪这个纺车,要它有什么用,不如劈了烧火!"哈格里夫斯看到妻子满眼泪水,心软了下来,可是气没有消,说着便顺手抄起斧子真要去砍碎那旧纺车。

妻子赶紧阻拦。可是,哈格里夫斯飞起一脚,把那纺车踢翻在地,纺车仰面朝天……

一场夫妻间的战火渐渐平息下来。哈格里夫斯发现刚才被自己一脚踢倒的纺车,本来平躺着的纱锭已经垂直立起,还被车轮带着旋转。他眼前一亮,转怒为喜,大声说:"你看,我们能不能照这个样子把纺车改造一下,纱锭立起来,一个车上就可以并排放两个、三个,不就可以多出纱了吗?"

妻子抬起头来,半信半疑,没有说什么。哈格里夫斯倒是一个爽快人,想到就干。他本来就是一个手艺不错的木工,又是纺工,只要脑子里有主意,改造纺车并不困难。他做了一个大木框,机下有转轴,机上有滑轨,可以同时安装 8 个纱锭,大大提高了纺纱的效率。为了表达对女儿珍妮的爱,他把这种新发明的纺车叫"珍妮纺纱机"。后来,他又不断改进,纱锭加到 16~18 个。

珍妮纺纱机

珍妮纺纱机诞生不久,又出现了水轮驱动的水力纺纱机,使纺纱效率又提高了一步。1779 年,克伦普顿综合珍妮纺纱机和水力纺纱机的优点,制造出了走锭纺纱机(缪尔机),使纺纱工艺不断提高。这一切革新,都是珍妮纺纱机引发的。关于珍妮纺纱机的诞生,马克思认为,"18 世纪的产业革命就由此开始"。

知识链接 我国古代的纺车

▶ 我国关于纺车的最早文献记载是西汉扬雄的《方言》。纺车图像最早出现在西汉帛画和汉画像石上。

▶ 1956年，江苏铜山洪楼出土的画像石上，有形态生动的人物正在织布、纺纱和调丝操作的图像。它们展示了汉代纺织生产活动的情景。

▶ 南宋后期出现以水为动力的水转大纺车，在元代的中原地区十分盛行，一昼夜能够纺纱100多斤（50多千克）。它比西方水力纺织机约早诞生400多年。

拓展阅读

"布祖"黄道婆

黄道婆（约1245—？），又被称为"黄婆"，出生于松江乌泥泾（在今上海市徐汇区），是元代纺织技术革新家。由于推广纺织技术以及纺织工具，她受到百姓的敬仰，被尊为"布业始祖"。时至今日，还有"黄婆婆，黄婆婆，教我纱，教我布，两只筒子两匹布"的歌谣在民间传唱。

4. 缝纫机，由梭子想到的发明

如果说纺织机解决的是织布的问题，从布到衣，又是一个千针万线的过程。针的出现可以追溯到距今数万年以前，例如用猛犸的牙、驯鹿的骨与海象的牙做成的针……不过，在缝纫史上，从手工用针转向使用机器，始于近代。

18世纪，两位英国人韦森霍尔与赛恩特合作研究机器缝纫。1755年，韦森霍尔获得了一项专利——穿线孔在针的中间、两头有针尖的绣花针。1790年，赛恩特获得了世界上第一台单线链式线迹"缝纫机"的专利。它用于缝制皮鞋或补袜眼，具有现代缝纫机的许多特点，但没有带针尖与针孔的针（缝纫时先要用其他工具打孔），还不属于真正的缝纫机。虽然说，他们的"缝纫机"简陋、不太实用，但开启了发明缝纫机的大门。世界上第一台真正有实用价值的缝纫机是美国人埃利阿斯·哈威发明的。

"偷懒"的人类 妙手使巧力

名人档案馆

姓名：埃利阿斯·哈威（？—1867）

国籍：美国

成就：发明缝纫机，被称为"缝纫机之父"。

经历：哈威出生在马萨诸塞州的小镇斯宾塞，半生穷困潦倒，在美国各地奔波劳顿，也因发明缝纫机的优先权与发明家胜家打过官司。1850年8月开始，他对侵权者提起诉讼。这场轰动一时的官司持续了四年，他最终获胜。美国南北战争后期，他慷慨地给国家捐钱，并应召入伍。

最早，哈威是美国一个织布机械公司的工人。后来，由于家底薄，又有三个孩子，他的生活非常贫困，他不得不为生活奔波。

他的妻子也不例外，每天除了纺纱、织布外，还要洗衣服、做饭、照顾孩子，尤其是那些似乎永远也补不完的破衣服，令人苦恼。哈威很体贴妻子，抢着去干一些粗活儿。可是像补衣服这样的细活儿，他就束手无策了。

妻子一天天消瘦，哈威看在眼里，疼在心里。他想：要是有一台像手一样能缝衣服的机器，该多好哇！

每当妻子缝衣服时，他就仔细观察她的动作。他苦苦地思索，可是，半年下来，仍是一筹莫展。

一天下午，哈威观察织布工手里织布的梭子，发现梭子在纵横交错的线中穿来穿去。他的眼前一亮："如果针孔不是开在针柄上，而是开在针尖上，这样，即使针不全部穿过布，也能使线穿过布，并且布面就会出现一个线环，然后，再用一个带引线的梭子穿过线环，不就能达到缝纫的目的吗？"

"我知道啦！我知道啦！"他高兴极了，边喊边往家里跑。大家还以为他疯了呢。

到家以后，哈威就全身心地投入对缝纫机的研究中。他经过反复试验，终于在1846年，发明了世界上第一台真正实用的缝纫机。

然而，让缝纫机走进千家万户的"功臣"，是美国发明家、商人胜家。他发明的自动送料锁式线迹缝纫机，缝纫速度达到900针/分钟，超过40个裁缝工能完成的简单工作。胜家在1851年8月12日获得发明专利。

随后，他不断改进缝纫机，不断推出新品：1859年，他发明了脚踏式缝纫机，几乎解放了人们的双手；1889年，他推出的电动缝纫机，又解放了脚；1975年，胜家公司又发明了电脑控制的多功能家用缝纫机、工业用缝纫机等。至此，衣服、鞋帽、箱包、

早期的缝纫机

篷布等实现了缝纫的自动化，缝纫的效率是人类的手望尘莫及的。

缝纫机的发明，被认为是人类史上最伟大的进步技术之一，它的重要意义可与车轮的发明和火车的发明相提并论。著名英国科学家、科技史专家李约瑟博士称它是"改变人类生活的四大发明"之一。

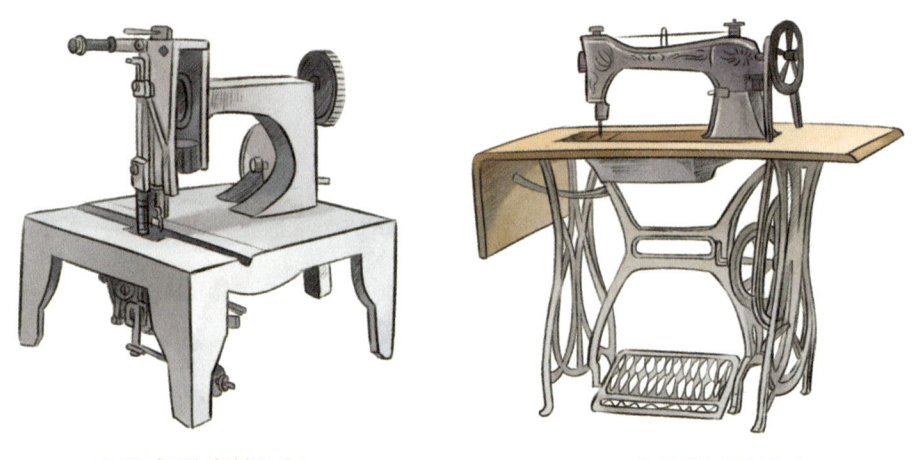

1851年胜家缝纫机　　　　　　1859年脚踏式缝纫机

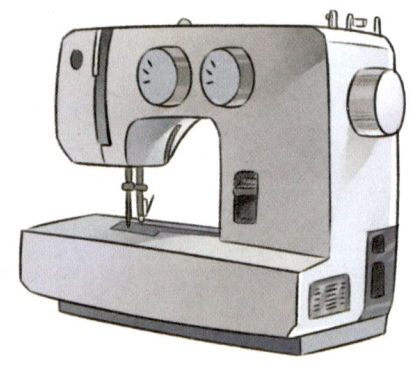

现代胜家电动缝纫机

5. 绱鞋与绱鞋机

"小小两只船,没桨又没帆;白天带它到处走,黑夜停在床跟前。"

这则谜语的谜底就是双脚走路离不开的鞋子。对于手来说,缝制鞋子可是一件辛苦的事儿,而出现绱(shàng)鞋机是19世纪的事情。

1872年的一天,年轻的黑人简·恩斯特·马泽利格坐着轮船来到了向往已久的美国。他听说,黑人在美国也能受到尊重,像白人一样,可以享受上学受教育的权利,工资也很高……

可是,当他真正站在美国这片土地上的时候,一切都已经改变,原先宣布解放黑人奴隶的林肯总统遇刺身亡,现任总统并没有推行过去的政策,黑人的生活还是令人担忧……马泽利格只好四处流浪,过着吃了上顿没下顿的生活。

后来,他几经努力在制鞋厂找到了一份工作。有了这份得来不易的工作,他格外珍惜,干起活儿来也格外卖力,老板就让他负责绱鞋

"偷懒"的人类 妙手使巧力

这道工序。

在制鞋厂，绱鞋是一道既辛苦又劳累的工作，如果稍不注意，把鞋绱错了，整只鞋子就完蛋了。不仅如此，这些枯燥的活儿必须靠人工来完成，而且效率很低，一人一天大概能绱 50 双鞋，那就是不得了的成绩。

"能不能有这样一种自动绱鞋的机器呢？这样的话，就能减轻人的劳动，提高劳动的效率。"有一天，马泽利格在绱鞋的时候，萌生了这样的想法。他为自己的想法而激动，觉得这种想法对鞋厂来说，将是一大贡献，对黑人来说，也是一大福音。他希望通过自己的发明，改变黑人兄弟的命运。于是，马泽利格决定实施制造绱鞋机的计划。

厂里的人知道马泽利格要制造绱鞋机的消息后，各种各样的议论便出现了："没受过什么正规教育的人，也想搞发明创造，真是癞蛤蟆想吃天鹅肉。"

"别异想天开了！"

……

面对冷嘲热讽，马泽利格没有动摇，下决心要为黑人争口气。为了制造绱鞋机，他一分钱一分钱地省着花，把省下的钱又用来一点一点地买材料，然后一次一次地试验、改进。1883 年，马泽利格制成了世界上第一台绱鞋机。

这种机器能将鞋面与鞋模固定起来，并与鞋底对齐，而后一颗颗钉子有板有眼地把鞋面与鞋底钉在了一起，做工非常精细，比手工制作的鞋还结实、耐看。

绱鞋机

鞋厂的老板看了，非常高兴，因为这种绱鞋机极大地提高了绱鞋效率。连当初瞧不起马泽利格的人也夸他是一位聪明能干的发明家。

绱鞋机，在制鞋工业上是一场小小的"革命"，有力地推动了鞋工业的发展。

知识链接　**千奇百怪的皮靴**

▶ 2000多年以前，古希腊的斯巴达战士就穿上了红得耀眼的皮靴。穿这种红色鞋子的目的是遮掩伤口流出来的血。

▶ 生活在北极地区的因纽特

"偷懒"的人类 妙手使巧力

人学会了用熊皮制作皮靴。日本北海道的原住民学会了用鹿皮做皮靴。阿拉斯加近海的当地人会用北美驯鹿和海豹的皮革制作皮靴。

▶ 俄罗斯东北部堪察加半岛冬天十分寒冷,夏天则凉爽多雾。堪察加人用鱼皮做成的皮靴能在霜冻的情况下穿。这种皮靴在饥荒时还可煮食充饥。

❓ 想一想 我国什么时期出现了皮鞋?

有人认为:

皮鞋就是兽皮做成的鞋子,历史应该很久远,具体不详。

还有人认为:

皮鞋应该是从国外传到中国的,属于近代的事儿。

🎓 小博士说

这两种观点都是错误的。在旧石器时代,古人类已用兽皮来包裹脚。在公元前5000—前3000年的仰韶文化时期,我国就出现了兽皮缝制的鞋。两三千年前编写的《周易》已有表示鞋的"履"字。

6. 拉链，向铁匠学来的发明

提起拉链，我们中国人也许最先想到的是纽扣。我国的旗袍、唐装等衣服用的扣子一般是用布结成的盘扣。19世纪末之前的西方世界，人们习惯在时髦的外衣里面衬上厚实的内衣，包括衬衣、背心和外罩，所有的衣服都要用带子、布条或一排排的纽扣系紧。一条成人的连衣裙或一个长途旅行包起码得装上十几颗扣子，扣上或解开都得花费很长时间，并且女性对钉扣子这种烦琐费时的手工活儿也非常厌烦。

扣纽扣，对手指来说，是一项重复的劳动。直到1893年，美国工程师惠特科姆·贾德森发明拉链才改变了这一切。拉链在长达百年的时光中始终为人们服务，至今没有更好的发明能够替代它。

贾德森是美国芝加哥的一位工程师。他的妻子是一位裁缝，靠给别人做衣服贴补家用。看到妻子做衣服钉纽扣钉得手指都磨破了，他

"偷懒"的人类 妙手使巧力

非常心疼。为了减轻妻子的痛苦,他一心想发明出一种简单方便的"可移动的纽扣"。

有一天,贾德森看见一个木匠正在做一个木箱,木匠用带有间隔齿的两块木板拼接箱子缝。嘿,多么巧妙!贾德森想,要是在布袋或包的开口部位也采用类似这样的间隔齿装置,一定能把开口部位封锁得严严实实,而且开启十分方便。可是,造成什么样的结构才能使它开合自如呢?对此,贾德森一直找不到好的办法。

又过了一段日子,贾德森到一家铁匠铺购买饭勺。他看到这家店铺的铁勺吊挂得整齐巧妙:一根被支架在水平位置的钢筋棍上吊着上下两行铁勺,上面的一行是由钢筋棍直接穿过勺柄孔,下面一行是勺柄朝下,通过勺部"咬合"在一起的。贾德森选中了下行左起第五把铁勺,他使劲往下拽,却是拽不下来,两行铁勺咬合得非常紧。后来,铁匠师傅告诉他,把左边的四把勺子向外扒开,就能轻而易举地取下第五把。经铁匠的提醒,贾德森试了试,果然如此。

"太好啦！"贾德森长长地舒了口气，那个悬而未决的"心病"终于有了结果——紧紧咬合在一起的两行铁勺成了他设想中的"拉链"的雏形。随后，他根据这种咬合原理设计出了拉链装置：拉链齿采用等距离间隔排列，齿形一面凹下，一面凸起；两排齿在一个滑动链的作用下开合；这个滑动链前头宽，后头窄。当它向前滑动时，窄的一面压迫两边的齿，使两相邻的齿的凸凹部咬合到一起，闭锁得很严密；它向后滑动时，前端的挡头迫使两边的链齿张开一个角度，拉链就逐步被打开了。1893 年，贾德森把他的拉链——"扣锁"样品送到了哥伦比亚博览会上展出，获得了好评，并取得了专利。

可是，贾德森的"扣锁"也存在严重的缺点：锁紧装置质量不过关，经常拉不开、拉不上，还容易自动绷开，如果用在裙子和裤子上，"扣锁"突然绷开，就会令人十分尴尬。因此，贾德森的发明没有被大规模应用。

这时，一位名叫路易斯·沃尔特的军官对拉链的情况特别注意，他坚信这是一项伟大的发明。于是，他找到了贾德森，由沃尔特出钱，贾德森提供技术，二人一同办起了公司，开始生产拉链。这些拉链又

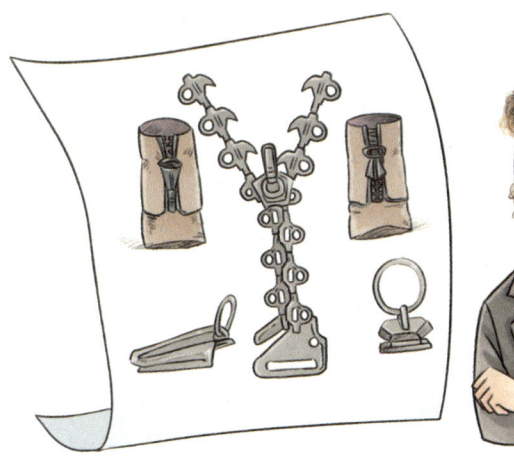

笨又硬，还会突然脱钩，因此，他们并没有赚到钱。贾德森沮丧至极，一点儿再干下去的信心都没有了。可是，沃尔特并没有因此而气馁。

1912年，沃尔特又聘请瑞典工程师森贝克来主持产品的设计和生产。森贝克在贾德森的拉链的基础上进行一番改革，利用凹凸齿错合原理，发明出一种牢固且不会轻易绷开的新型拉链。1913年，第一个现代式样的金属拉链被申请专利。

拉链是"小发明、大贡献"的典型。它的诞生和流行不是某一个人的功劳，有几个人起了关键性作用，一位是向铁匠学习的贾德森，他是名副其实的"拉链之父"，另一位是对拉链进行改进的森贝克，以及美国军方的大力推广和英国威尔士亲王率先示范等，都为拉链的普及做出了贡献。

知识链接 拉链小趣闻

▶ 1917年，为了防止军人衣服上的纽扣掉进机器部件中，美国海军、空军的军装上使用了拉链，从而提高了拉链的知名度。

▶ 1924年，美国一家公司从森贝克处买得拉链的专利，将它投入生产，并在商品交易会上当场表演。这一新产品引起了人们很大的兴趣。

▶ 1926年，一位叫弗朗科的小说家，在推广拉链样品的一次工商界的午餐会上说："一拉，它就开了！再一拉，它就关了！"他十分简明地说明了拉链的特点。这也是"拉链"这个词的来历。

▶ 1930年，著名时装设计师夏帕瑞丽，首先尝试把拉链用在女性的服装上。此后，拉链走进了服装业，名气也越来越大。

▶ 20世纪50年代，一家德国公司首次推出了用塑料制作的拉链。

▶ 荷兰的一家医疗公司发明了一种外科免缝拉链。这种拉链很快取代了传统的人工缝合伤口的方法，成为外科手术的新宠。

▶ 德国柏林洪堡大学的科学家将拉链便于开合的技术移植到香肠上，提高了香肠的鲜度，延长了保质期。

知识链接 有影响力的拉链

拉链从问世到现在，不过 100 多年时间，但是今天，拉链几乎随处可见，衣服、背包、鞋子、被套、公文包等物品上都有它的身影。拉链的种类很多，有铁、铜、尼龙、塑料、混合纤维等多种材质，用途也不再局限于日用品，逐步进入科研、医疗、军事等领域。如果将全世界每年制造的拉链连接起来，长度超过 40 万千米，大约可以绕地球 10 圈。1986 年，美国著名的《科学世界》杂志举办了一次活动，让广大读者从成千上万件的发明中，选出 20 世纪对人类生活影响最大的十大发明。出乎意料的是，小小的拉链竟然排在飞机、火箭、电视等大名鼎鼎的科技成果之前。瞧，拉链多么棒！

这些东西上都有拉链哦！

第五章　武器

让手的力量更强大

在千万年的时光里，人们从来都习惯徒手来抓取活物。有一天，一位勇士站出来说："瞧，用这个会更好。"于是，有了石刀、斧头、锤子、弹弓、箭，直至枪、炮、导弹等利器纷纷登场，从而代替手，使力量到达更远处，打击的力度也更大。

"偷懒"的人类 妙手使巧力

人类借助工具来解决手的"乏力"问题，不知道始于哪一年、哪一天，也许我们今天从博物馆里看到史前工具，会觉得它们是那么简陋，甚至像我们小时候在河边捡来的鹅卵石，根本没有什么技术含量。怎么样？就因此笑话远古人类智商太低？其实，人类漫长的进化史，就像一个孩子的成长史，远古属于人类的"童年时代"呢。

今天，我们的远程攻击性武器，包括导弹、战斗机、激光武器等，一代胜过一代，都是在不断续写"手"的篇章。若干年以后，也许会有人笑话我们今天的工具并没有把手的力量发挥到极致，一定还有更厉害的武器是不用手来完成的，说不定只需要望一眼，子弹就出膛啦……

1. 斧头、锄头及其他

手没有思想,没有感情,更没有灵魂,可是手能代替你表达喜悦、尊敬和敌意。地球上的万物在竞争中才能生存下来。因此,我们的手的功能不断延伸,原本就是为了获取更加稳定、更加丰富的食物。人类发明的各种工具,可以伤人,也可以救人,比如一把刀在医生的手里可以治病救人,在勇士面前可以保护弱者一样,就看你怎么样使用它。

最初,祖先们把石头的边缘磨薄,用来切割物品,把东西砸碎,人们就有了可用来切割的刀。又过了几百年、几千年,人们发现把石刀绑在木柄上,这就成了斧头。它远比人类的拳头厉害,是那个时代最先进的武器。至于,把斧头换成铁的、钢的,只是一个不断完善的过程。

"偷懒"的人类 妙手使巧力

那么，发明锄头的是什么人呢？有的学者认为，那一定是女性，因为在原始农耕时期，女性需要参与农业劳动。想一想，在遥远的古代荒野上，一群衣衫褴褛的女性，为了保护自己的指甲，拿起棍子或石块敲打田里的土疙瘩，把土地整平再播种。这个小小的创造，对她们来说，已经十分了不起，毕竟是第一次用工具来代替自己的手呀。随着人类冶炼技术的进步，木头前面的金属被人们变平、变宽，这就是锄头的雏形。今天，我们在博物馆里还能够看到埃及、俄罗斯和西亚地区的犁头，直至有了蒸汽作动力的犁，那可是能代替几百只、几千只手的大力士啊！

除了斧头、锄头等工具外，箭矢之类的东西是人类很爱使用的。考古工作者在我国一处旧石器时代晚期的遗址中，发现了一批距今约2.8万年的石镞。这说明当时生活在国境内的古人就用弓箭打猎了。弓箭射程远、命中率高，而且携带方便。再后来，弹弓、强弩等防身和狩猎的武器出现了。

第五章 武器

古代的武器

▶ 古人把石头和木棒绑在一起，便产生了第一把长柄斧、第一把锤子、第一把锄头等。大约在 330 万年前就产生了最简单的石器工具。

▶ 在 50 万年前的旧石器时代，最初制造的石斧还是非常粗糙的。大约在 2 万年前，这种工具以及形状各异的锋利刮削用具，仍是原始社会的必备工具。

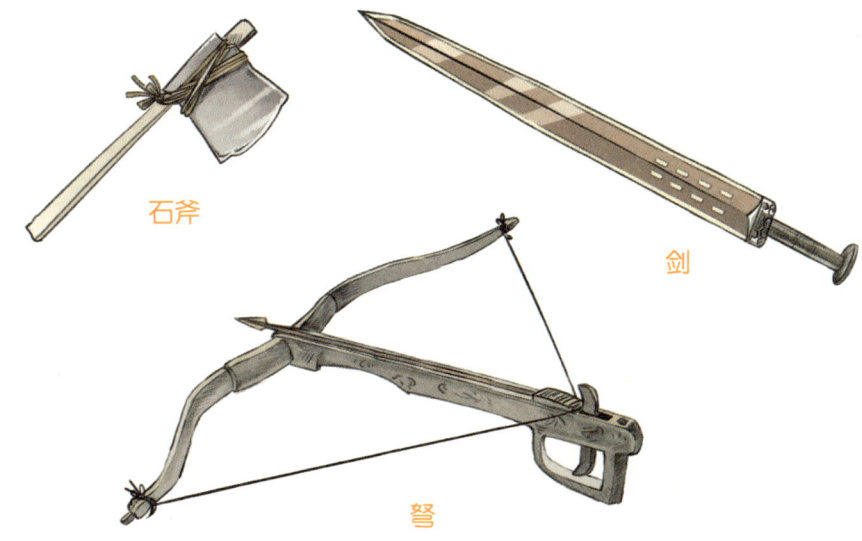

石斧

剑

弩

▶ 弓箭是人类发明的最早的精准远程武器。这种工具后来演变成枪、鱼叉，在中国还产生了弩。而中国战国时代的强弩，射程可达 600 步。

▶ 约公元前 3000 年，世界最早的金属武器诞生了，如匕首、剑和战斧等。它们最初的材料是铜和青铜，后来才使用铁。

2. 手能抬起火车头

即使是武林高手,手的力量也是十分有限的。如果有一艘大船搁浅在岸边,只用手也无法把它推到水里漂起来,更不要说用手抬起火车头或搬动一间钢架结构的房子呀。不过,要是利用杠杆原理,找来合适的机械,搬动重物就轻松啦。发现杠杆原理并对它进行科学论述的,是著名学者阿基米德。

名人档案馆

姓名:阿基米德(前287—前212)

国籍:古希腊

成就:古希腊学者。发现杠杆定律和阿基米德定律,引入重心的概念;确定许多物体的表面积和体积的计算方法,并设计了多种机械和建筑物。

经历:阿基米德的父亲是天文学家兼数学家,学识渊博,为人也很谦逊。阿基米德自小接受了良好的家庭教育。在父亲的熏陶下,他小时候就对数学、天文学等学科产生了浓厚的兴趣。早年的学习为他日后成为著名学者打下了坚实的基础。

杠杆是一种简单的机械,即直杆或曲杆在外力作用下,可以绕杆上一个固定的点转动。如果没有杠杆,埃及的金字塔就不可能建成,用花岗岩、大石头等建造的史前庙宇、陵墓,也根本不会存在。小小杠杆能将手和胳膊的力量放大。据说,利用现代杠杆就能轻松地抬起火车头或者一座房子,那是许多只手也做不到的事情。

说到杠杆,人们就会想到阿基米德,还会想到那句名言:"给我一个支点,我能撬起整个地球。"

虽然这句话夸大了杠杆原理的作用,但也有科学根据。阿基米德在《论平面图形的平衡》一书中最早提出了杠杆原理。据说,他曾经借助杠杆和滑轮组,使停放在沙滩上的桅船顺利下水。在保卫城市叙拉古免受罗马军队袭击的战斗中,他利用杠杆原理制造了投石器,人们利用它射出各种飞弹和巨石攻击敌人。在长达三年的时间里,人们利用这种武器保卫了叙拉古,让罗马军队望"城"兴叹。瞧,科学技术就是这么牛,杠杆给手增加了巨大的力量。

"偷懒"的人类 妙手使巧力

知识链接 杠杆原理小资料

▶ 中国历史上早有关于杠杆的记载。战国时期的墨子曾经总结过这方面的规律,《墨经》中就有记载杠杆原理的文字,而且对杠杆的平衡原理说得很全面。

▶ 利用杠杆原理,亚述人发明了滑轮。这个发明可以让需要100个人干的力气活儿,只用1个人就能完成。

▶ 古希腊人利用杠杆、绳子等修建了大量的堡垒、桥梁和港口;而古罗马人造出了大海船,让欧洲人走向了世界。

3. 火药，人类意外的收获

我国古代四大发明中，火药的发明是炼丹方士的意外收获。他们并不是刻意研究火药的，只想炼出"长生不老药"，可是无意间发明了能爆炸的火药。我们姑且不谈火药对后世的影响，就凭它爆发的威力，也足以让手不知所措。这力量，哪是手能够拥有的呀！

关于火药的来历，有一段神奇的传说。

古人一心想长生不老，并认为世界上有能使人吃了以后长生不老的仙药，便研究出炼丹术，认为人吃了这种丹丸就可长命百岁，甚至永远不老。到了西汉，汉武帝寻找长生不老药的愿望十分强烈，经常把大臣们聚到一起来商讨这件事儿。

有一天，一位大臣想讨好皇帝，便说："陛下，有一种仙丹，人吃了就能长生不老。"

"是吗？"汉武帝听了眉开眼笑。

后来，他命令全国的方士炼制仙丹，对能够炼制成功的人，许诺有重赏。于是，炼丹术在当时风行起来。

炼丹的主要材料是硫黄、硝石和木炭，里面还要加上毒性很强的水银，许多方士因长期炼丹而中毒死亡。可是，一心想长生不老的皇帝哪会管这些呢？更危险的是，炼丹时稍不注意，就会发生爆炸；方士被炸死或炸伤的事，时有发生。为了得到仙丹，为了得到皇帝的赏赐，他们竟然把这些危险置之脑后……

有一天夜里，一个守着炼丹炉的方士，由于疲劳过度，竟然在炼丹炉旁睡着了。这位方士做起了噩梦。在梦中，他的炼丹炉突然发生爆炸，砰的一场巨响，火光冲天……

"来人啊，来人啊，发生火药事故啦！"

他一声惊呼，把大伙儿都喊来了。原来是一场噩梦。

"火药"一词也由此产生。

后来，方士利用炼丹时所发生的爆炸原理，制造出了真正的火药。从此，世界上逐渐有了烟花爆竹，有了炸药包、火箭炮，乃至直插云霄的火箭……

知识链接 炼丹术与火药

炼丹术是古代方士炼"仙丹"的方法——将一些矿物在炼丹炉中分解、化合、升华，炼出的是含汞、铅、砷等有毒的化合物。

▶ 13世纪，制造火药的方法从我国传到阿拉伯国家，然后传到欧洲。

▶ 世界上最早的黑火药是中国制造出来的。将硝石、硫黄和木炭控制在75%、10%、15%的比例进行炼制，便能制造出黑火药。

想一想 安全炸药是哪个国家的人发明的？

有人认为：

中国人发明的，因为炸药就起源于我国。

还有人认为：

外国人发明的。中国的火药传到国外以后，到了19世纪30年代，炸药有了安全导火索，提高了安全性。

小博士说

第二种观点是正确的。1831年，英国人比克福德发明了安全导火索，这是安全炸药至关重要的一步。1865年，瑞典化学家诺贝尔发明铜壳雷汞雷管。雷管与安全导火索合用，成为炸药的可靠引爆手段。又过了10年，一种安全的烈性炸药终于试验成功。当然，易燃易爆的炸药是危险品，离它远点儿哦。

4. 步枪的诞生

火药发明以后，不仅被用于烟花爆竹、杂技表演等民间娱乐活动，后来还被用于军事。1259年，中国南宋开庆元年就有人发明了突火枪。这是一种管状的火器。

到了元代，火铳（chòng）成为军队的重要装备。现代，不容忽视的重要武器是枪。真正让枪出名的，是电气机械发明家马克沁。

名人档案馆

姓名：海勒姆·史蒂文斯·马克沁（1840—1916）

国籍：英国（出生于美国，移居英国）

成就：武器设计师，被称为"自动武器之父"；他发明的马克沁机枪开创了世界自动武器发展的新纪元。

经历：1846年，6岁的马克沁被送入一所小学就读，非凡的机械天赋在他很小的时候便显露出来了。14岁那年，他到一个马车作坊当学徒，竟然制造了一艘小木船和一架马拉锄耙机。那时候，他基本上每天工作16小时。这种早期艰苦的学徒生活不仅磨炼了马克沁的意志，也使他学会了许多机械制造技术，对他日后的发展非常有益。

第五章 武器

马克沁研究枪械

19世纪下半叶，美国的一些贵族把玩枪当作一种时尚，经常举行射击比赛，以显示自己身份尊贵、兴趣高雅。

有一次，电气机械发明家马克沁也带上步枪参加了比赛，但玩枪，他是个"外行"，不仅成绩不理想，没有拿上什么名次，肩膀还被震得青一块紫一块。他想：哎，这种枪玩起来不是个滋味，该想想办法改进改进了。

马克沁是一个想到就做到的人。从此，他对武器产生了浓厚的兴趣，开始翻阅相关的资料，琢磨起枪械的制造来。

经过一阶段的努力，马克沁设计制造了一种自动连发步枪，并向美国政府提出了专利申请。可是，美国专利局的老爷们看了看马克沁的自动步枪后，不屑一顾地摇了摇头，笑话他是个门外汉："还是搞你的机械发明吧，对枪一窍不通的人搞枪的发明，不是异想天开吗？"

马克沁的确对枪是门外汉，就是在电气机械的制造上也不是科班出身。得不到美国专利局的认可，马克沁一气之下来到了英国伦敦，对自己设计的自动步枪做了进一步改进，使枪能顺利完成开锁、退壳、

107

送弹关闭等一系列动作,实现了单管枪的自动连续射击。

1883年,由马克沁设计制造、性能更加完善的新一代自动步枪问世。

接着,马克沁决定对步枪再进行改进,希望设计出一种射击速度更快、震动更小的自动步枪。于是,一种能把帆布弹带上的子弹推上膛的装置设计完成,一条帆布弹带能装250发子弹。可是问题也很快暴露出来:快射一阵以后,枪膛里的温度特别高,连枪管都变红了;不把温度降下来的话,这种枪还是没有市场。

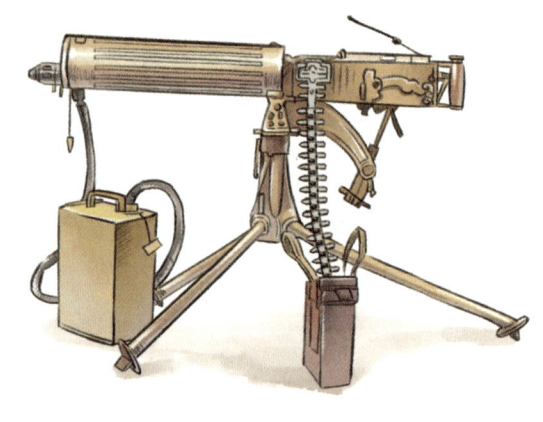

机枪

勇于挑战自我的马克沁,又开始了新一轮的研制。他把一些零件重新加工、组装,失败了再试验,攻克了一个又一个难关……1884年,他发明了世界上第一款自动式机枪。这种枪被命名为马克沁机枪,每分钟可连射600发子弹。这可是了不起的进步。如果徒手与机枪相比,就好比一只小苍蝇去挑战一头巨大的恐龙啊!

知识链接 你了解步枪吗?

▶ 1917年,美国轻武器设计家约翰·勃朗宁设计的一种自动步枪,被美国军方选中,作为制式武器装备美国军队。

▶ 世界上最轻的步枪是美国著名的枪械设计师尤金·斯通纳设计出来的,枪重仅仅3.18千克,配上30发实弹才3.82千克。这种步枪集中了许多步枪的优点。

▶ 步枪是最常用、最基本的武器。步枪在 400 米以内的射击效果是最好的,600 米内也能准确地杀伤敌人。用多支步枪一齐射击,能形成密集的火力,能杀伤 800 米以内的目标。

枪械为什么喜欢穿"黑衣服"呢?

▶ 在野外训练中,或者在战争环境中,遇到风沙、暴雨、霜雪等情况是常有的事儿。枪械穿上了"黑衣服",就能够有效地保护它的金属零件不被腐蚀、不生锈,这就是保护层。

▶ "黑衣服"对光的反射小,士兵们使用起来不刺眼,也不容易被对方发现,对自己起到了很好的保护作用,这就是保护色。

▶ 枪械的"黑衣服"不是油漆,也不是电镀,而是一种特殊的工艺,叫"钝化"。军事机械制造专家让枪械的表面形成了一层金属的氧化物薄膜,这才是"黑衣服"的真面目。

5.500门大炮与一张设计图

人类在武器的发明创造上,倾注的精力、金钱和时间比任何其他发明都要多。我们目前所了解的现代武器,比如步枪、机枪、手榴弹和导弹等,是在以前武器的基础上发展改进而来的,都远远超过了手的力量极限。

中国的火药和火器西传以后,火炮在欧洲开始发展。14世纪上半叶,欧洲开始制造出发射石弹的火炮。1609年,波兰-立陶宛王国在战争中已用上火炮。约两百年后的拿破仑战争中,火炮的最大射程已经超过1000米。世界上没有一个大力士能通过手的力量把一块小石头扔这么远的;当然,要是扔一根鸡毛,连10米远都做不到的。

在火炮的改进过程中,苏联人发明的火箭炮有一段很经典的故事。1914年8月17日,沙俄第二集团军贸然西进,钻进了德国军队的包围圈,导致3万多人战死,9万多人被俘,约500门大炮被缴获。这一消息让整个俄罗斯帝国都感到震惊和羞耻。

"怎么会这样呢？约500门大炮竟然也落入敌手，太不应该了！"米哈伊洛夫斯基军事炮兵学院的教授格拉维听到第二集团军大败的消息后，悲愤不已。

"都是指挥失误，贸然西进。"另一位教授说。

"失败的原因固然很多，可是，500门大炮没有真正发挥作用呀！想想看，大炮成了哑巴。"格拉维痛苦地摇着头。他心想：应该有一张设计大炮的新图纸了。

"敌人的攻势太强、太快，我的教授，大炮还没来得及调试呢。"那位教授不无嘲讽地说，"大炮架好了，还要填炮弹，可是，德军冲上来了，再发炮弹打的不是敌人，而是自己的兄弟……"

是啊，大炮结构复杂，体积庞大，对安装的地点也有较高的要求，需要有一定的准备时间。这一点，作为研究武器的教授，格拉维可谓心知肚明。可是，强烈的爱国心使格拉维彻夜难眠，他决定发明一种新式火炮——那将是结构简单、安置方便、火力猛烈的新火炮。

经过一段时间的努力，格拉维向炮兵管理局提交了一张设计图：他的大炮没有笨重的炮筒、炮身和反后座装置，只有钢铁支架，使用的不是普通的炮弹，而是一种新型的火箭炮弹。

"也许你设计的这种火箭炮很有前途，可是，暂时还没有资金开发啊！"炮兵管理局的头儿直摇头，"这张设计图暂时先放在这儿吧。"

遗憾的是，这张设计图在保险柜里一躺就是许多年，直至1933年，这种车载多管火箭炮才问世呢。

这种火箭炮的发明使用，在苏联的卫国战争（1941—1945年）中立下了汗马功劳，以致德军一听到火箭炮的炮声，就吓得胆战心惊。这种炮共有 8 条发射滑轨，可以一次发射 16 枚火箭弹，在极短的时间内形成强大火力，这让它一举成名。

苏联的火箭炮

知识链接 线膛炮与滑膛炮

- 大炮是地面部队离不开的重型武器，是摧毁对方工事的有力杀手。在一般人的眼里，大炮的炮管是光滑的。可是，有的炮管里不但不光滑，还有一条条线，这种炮叫线膛炮。

- 线膛炮里的线叫膛线。制造这种大炮的时候，工人就把线一条一条地"刻"上去了。有趣的是，根据炮的功能不同，刻的线数量也不同，少的有十几条，多的有几十条。不论多少条线，都是均匀排列的。

- 这种膛线排列呈螺旋状，炮弹在炮管里就会随着这种膛线做螺旋运动，慢的每秒几百转，快的每秒几千转。弹头高速旋转，快速飞出，既稳定又准确。这就像我们打陀螺一样，陀螺转得越快，就站得越稳。

- 炮管里没有线的炮叫滑膛炮，是依靠火药的爆发力，使炮弹滑动发射出去的。这种大炮的炮管里既光滑又亮堂。

6. 导弹，武器家族中的强者

随着时代的进步，一些老旧的武器会渐渐离开人们的视野。但是，有一种武器17世纪在欧洲风行一时；20世纪初到现在，在各国军队中，它仍然被普遍使用，这种武器就是手榴弹。自诞生的那天起，手榴弹在历次战争中发挥过重要作用，尤其是在堑壕战中具有无法替代的优势。投掷的距离在战斗中十分重要。据俄罗斯媒体宣传，俄罗斯士兵投掷手榴弹的距离一般是60米左右；美国媒体称美国大兵投掷手榴弹的距离是50米左右。我国战士投掷手榴弹的成绩中，50米是中等距离，很多优秀士兵能够投掷70米至80米的距离，最远的手榴弹投掷距离是102米，这个纪录至今没有人打破。那么，怎样才能使弹药飞得更远、更准呢？第二次世界大战末期，导弹的横空出世，才圆了武器家族的美梦。

投掷手榴弹

德国 V-1 导弹

1942年10月13日,试飞成功的德国 V-2 导弹,被称为世界上第一枚弹道式导弹。V-2 装有单级液体火箭发动机,装有1000千克普通炸药,射程为320～480千米,采用无线电遥控制导方式,是武器家族中的强者。V-2 导弹开始研制于20世纪30年代,由德国著名的火箭专家冯·布劳恩带领团队研制成功。后来,世界上诞生了各种各样的导弹,但 V-2 是各种导弹的"始祖"。

1942年末,德国制造的 V-1 导弹,外形像一架小飞机。它以喷气发动机为动力,装有700千克普通炸药,最大理论射程达370千米。其制导系统很简陋,只有自主式磁性陀螺和一套机械装置对飞行高度、状态和弹道进行控制,因而有人不把它看作真正的导弹。这是世界上第一枚飞航式导弹,比 V-2 晚两个月诞生。

现在,导弹有多种类型:按作战任务,分为战略导弹和战术导弹;按发射点和目标的相对位置,分为地地导弹、岸舰导弹、舰地导弹、舰舰导弹、舰潜导弹、潜地导弹、潜舰导弹、潜潜导弹、地空导弹、舰空导弹、潜空导弹、空空导弹、空舰导弹等;按飞行轨迹,分为弹道导弹、巡航导弹和弹道巡航导弹等。

导弹的出现，对世界军事产生了重要影响。当今世界上已有近30个国家和地区能自行设计、制造导弹，型号达800多种。可以说，导弹的发明史，也是人类不断追求技术革新的历史。创新是没有止境的，而人类的发明创造也是没有止境的。

可怕的现代导弹

▶ 现代弹道导弹会沿着一条预定的弹道飞行，攻击地面固定目标。火箭完成推进任务，就会与弹头分离，最后只有弹头飞向目标。

▶ 现代战略弹道导弹的核弹头威力大得惊人，有的还装有多个弹头，可同时打击多个目标。

▶ 洲际导弹通常指射程在8000千米以上，对目标进行攻击的战略导弹。它们大多为弹道式导弹，装有核弹头，是国家战略核力量的重要组成部分。

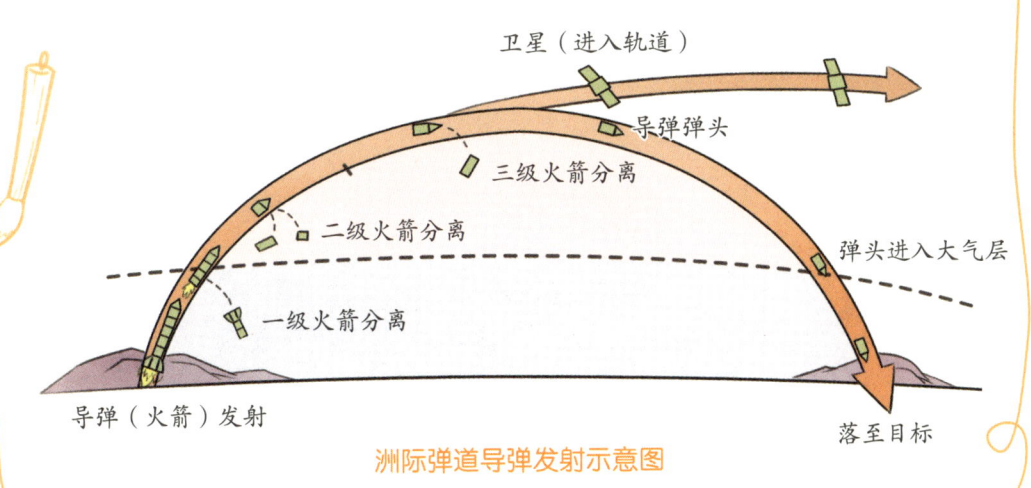

洲际弹道导弹发射示意图

知识链接 你知道响尾蛇导弹吗？

▶ 响尾蛇的眼睛已退化，那么，它是怎样发现猎物的呢？专家们发现，响尾蛇的眼睛与鼻子之间有颊窝，对周围的热能特别敏感，只要有0.001℃的变化，响尾蛇就能察觉出来，并能测出猎物的方位。

▶ 只要物体有一定的温度，不管温度有多高，物体都会向外界发射出一种看不见的红外线。随着温度的不同，红外线的强弱也不同。只要飞机的发动机在工作，就会发热，响尾蛇导弹就能准确地瞄准它，并紧紧跟踪它，直到将其炸毁。这就像响尾蛇根据物体的发热情况来追踪猎物一样。

响尾蛇导弹发射

7. 第一颗原子弹爆炸

为了给双手增加力量，获得更多的主动权，人类发明了各种武器，如枪炮、手榴弹、导弹等。还有一种杀伤力巨大的武器，就是原子弹。

原子弹的发明完全是违背科学家初衷的，几乎是出于万分无奈。它与科学家得到的一份"秘密情报"有关。

1938年，意大利科学家费米来到了美国，并向有关科学家提供了一份重要的军事情报：德国科学家奥托·哈恩和斯特拉斯曼正在进行核裂变研究。费米把这一情报告诉了美国科学家西拉德，希望他想办法通知美国政府，并希望美国政府尽快制造原子弹。如果让法西斯德

名人档案馆

姓名：奥托·哈恩（1879—1968）

国籍：德国

成就：奥托·哈恩是放射化学家和物理学家，被称为"核时代的奠基人"。他获得了1944年度的诺贝尔化学奖。

经历：1938年，哈恩和斯特拉斯曼一起发现核裂变现象，开创了人类利用原子能的新纪元。哈恩不愿意让纳粹政权掌握原子能技术，在1945年被送往英国拘禁，1946年才回到德国。

"偷懒"的人类 妙手使巧力

国的希特勒抢在前面研究出核武器,那将是全人类的灾难。

1939年8月,获知情报的几位科学家,又把这一秘密情报告诉了当时最有声望的科学家爱因斯坦。对此,爱因斯坦也表示了极大的担忧。他提笔给美国总统罗斯福写了一封信,指出了核裂变的巨大威力以及可能造成的严重后果。写完信,他松了口气,又将信交给了总统的密友、金融家萨克斯,希望他能找到适合的时机向总统陈述其利弊。萨克斯没有辜负他们的希望,向总统罗斯福反复劝说,可是,没有一点儿效果。最后,他忽然想到了一个故事,便笑着说:"总统先生,我想讲一个历史故事,您大概不会不爱听吧。"接着,萨克斯告诉罗斯福,法国的拿破仑由于不重视富尔顿发明的蒸汽轮船,失去了横渡英吉利海峡、征服英国的机会。假如他能够重视科技成果,也许历史会被改写。

经过一番深思熟虑,罗斯福总统决定采纳费米、爱因斯坦等科学家的意见,下令成立代号为"S-11"的特别委员会,立即开始原子弹的研究制造工作。1942年6月,美国陆军部开始实施研制原子弹的"曼哈顿工程"。一大批科学家投入了紧张的工作,对原来小规模的铀裂

变反应进行进一步的研究;奥本海默、费米等科学家在美国多地秘密建立了庞大的研究和试验基地。

1945年7月16日,世界第一颗原子弹在美国的沙漠中爆炸了。蘑菇云升到了万米高空,爆炸点周围700米的沙漠表面被炙热的火焰熔成了一片玻璃体,闪光照亮了16千米以外的山脉,产生了相当于2万吨黄色炸药的能量……

世界第一颗原子弹爆炸

参与"曼哈顿工程"的科学家,真切地感受到原子弹巨大的杀伤力。于是,他们一致建议不必使用原子弹来伤害无辜的平民。可是,科学家只有发明权,没有使用权啊,这让科学家万分无奈。原子弹还是走出了"魔瓶",1945年在日本的广岛、长崎相继爆炸……

事物总有正反两面性。原子弹固然非常可怕,世界上任何一种枪炮在它面前都黯然失色,不过,从另一个角度来看,原子的裂变也为人类开辟出获取能源的途径。如今,这种能量已经应用于核电站,成为一种绿色能源。

知识链接　危险的原子能

原子能（又称核能）是一种经济并且不受时间限制的能源，但是对它的使用充满了争议。如果核电站发生事故，就会产生致命的核辐射。1986年4月26日，乌克兰的切尔诺贝利核电站发生了爆炸。这次灾难所释放出的辐射量，是二战时期爆炸于广岛的原子弹的400倍以上。

2011年3月11日，日本发生里氏9.0级地震，该地震导致福岛第一核电站、福岛第二核电站受到严重损坏。

知识链接　中国第一颗原子弹爆炸

1964年10月16日，巨大的蘑菇云在新疆罗布泊腾空而起，中国第一颗原子弹爆炸成功。这是中国人向世界宣告：中国人依靠自己的力量，掌握了原子弹技术。这是我国国防和科学技术方面取得的一次重大突破。

中国第一颗原子弹模型

第六章 火

创造出更多的能量，
服务于人类

火不是人类的发明，而是大自然对人类的馈赠。人类发现火，保存火，利用火，还创造出许许多多的与火有关的工具。有了火，人类有了光明和温暖，生活也更加便利了。人类创造出火柴、陶瓷、蒸汽机……

"偷懒"的人类 妙手使巧力

关于火,我们在本系列《让视界无限》的一章"灯的诞生"中写到了它,讲了一些与火相关的故事。在人类漫长的进化过程中,火真的太重要了。人类在黑暗中拥有了火,照亮了洞穴,得到温暖和熟食以后,与火相关的一系列发明创造便应运而生,为手带来了一次又一次的动力革命。

用火获取熟食、取暖

用火驱赶野兽

用火制作工具

1. 火、火柴及其他

人类从大自然中发现了火，然后学会利用火，再到让火传播，最后把火作为能量，给手增添力量。

最初，原始人用火来烧烤食物、驱散寒冷、恐吓猛兽等；后来，有一位原始人想到带上没有熄灭的炭火，可以随时随地点燃火种。到了石器时代，人类终于发明燧石取火的方法，即用敲击石块时产生的火花来点燃旁边的干苔藓，后来又发明一种更先进的取火方法，那就是"钻木取火"。虽然学会了用火，可是古人取火很不容易，要将火刀在火石上摩擦来打火，等到打出火星，立即用火绒去点，火绒点着了才算把火引上。引一次火，往往要打七八次火石才能成功。直至19世纪以后，安全火柴问世，人们用火才方便自如。一根小小的火柴棒为人类的生活带来的改变，是一根指头无论如何也做不到的。

"偷懒"的人类 妙手使巧力

发明世界上第一根火柴的人是英国化学家,名叫约翰·沃克。

有一天,约翰·沃克想制造一种猎枪上的发火药。他找来了金属锑和钾,把两种物品混在一起,用一根小棍子进行搅拌。搅拌好以后,他又想把小棍子上的混合物弄干净。

"嘿,留着它,也许还能搅拌其他物品呢。"沃克便拿起小棍子在地上慢慢地擦起来,希望把棍子上的混合物擦干净。当涂有混合物的小棍子在地上磨来磨去的时候,竟然啪的一声,冒出了一股火苗,木棍也跟着燃烧起来。

"呀,怎么会这样?"沃克被这突如其来的现象惊呆了。

稍稍镇定后,他想:能不能把火药保留在这根小棍子上,需要时拿过来轻轻擦一擦呢?

沃克的脑子里一下子冒出了灵感的火花。想到这,他兴奋不已,立即拿来一根小棍子,把刚才的混合物又轻轻地粘在小棍子顶部,然后往地上轻轻地擦起来,果然,再次擦出了闪亮的火花。

"成功了,成功了!"沃克高兴极了。

世界上第一根火柴就这样诞生了,这一年是1827年。

1830年,法国人索里埃发明了黄磷火柴。但是,这种火柴不仅有剧毒,而且经常出事,装在口袋里也会自动燃烧,造成伤亡事故。1855年,瑞典人伦德斯特洛姆改进了火柴的设计,将赤磷涂在火柴盒的侧面,火柴头在干燥的磷面上才能划燃。这就是安全火柴。

知识链接　各式各样的火柴

▶ 防风火柴。这种火柴经过特殊工艺处理后,即使在大风里点燃也不会被吹熄,非常适合在野外探险、考察中使用。

▶ 芳香火柴。这种火柴的火柴梗用香精、玫瑰油、檀香油等浸泡或熏蒸过,点燃时不会产生有害气体二氧化硫,却会散发出令人愉快的香味。

▶ 高温火柴。火柴药头含有四氧化三铁、铝粉和镁粉等成分,点燃时能产生1200℃的高温。

▶ 多次使用的火柴。一种能多次使用的火柴,分内外两层,可以多次划燃使用。奥地利工程师裴迪南·尼赫发明了一种可多次使用的火柴,一根火柴竟然能用约600次,节省了大量木材。

▶ 一根火柴看起来简单,可是制造的工艺非常复杂,要经过筛选、酸洗、烘干、浸石蜡和松香液、涂药头、刷磷等27道工序才能完成。

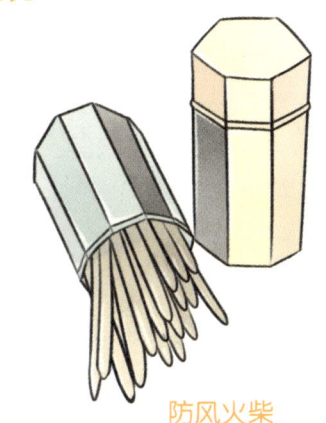
防风火柴

芳香火柴

高温火柴

"偷懒"的人类

拓展阅读

火柴到底该不该被称为"洋火"?

▶ 火柴从1880年起被引进中国,由英国人理查在上海开办了第一个火柴经营处。中国生产的一种火柴商标印有慈禧半身像。因为火柴是从国外引进的,所以中国人就称它为"洋火"。其实,中国古代已出现原始的火柴。

▶ 公元577年,在南北朝时期,北齐被北周以及南方的一些势力夹击,处境艰难。当时的北齐物资短缺,特别是缺少火种,烧饭、取暖都成了大问题,一群宫女在这种情况下发明了一种引火材料。

▶ 北宋学者陶榖(gǔ)在《清异录》一书中写道:聪明的人把杉木劈成小条,再涂上硫黄备用;这些涂上硫黄的木条一经摩擦就会燃烧起来,人们称它"呼光奴"。这是现代火柴的雏形。

▶ 南宋时期,据《武林旧事》记载,在1270年左右,杭州的大小街道上就已经有火柴出售了。可见,我国普遍使用火柴的历史比欧洲早了500多年。

2. 陶瓷，火与土的结晶

手除了握、举、拉、打等功能外，还有一个作用，那就是做容器——双手可以捧住物体。生活在农村的孩子都知道，要是你在河边玩久了，渴了，可以用手捧水喝。要是在山林里采摘野果，可以用手捧一些小野果。这个道理，5万年前的古人就明白了。那时，古人还把敌人的头盖骨当作容器，第一个取代头盖骨的容器是篮子。在石器时代，人们依河而居，草木茂盛，用树枝和芦苇编织篮子是常见的手艺。今天，这项手艺已经成了受保护的"非遗"项目了。

人类还学会了用火与土烧制陶器。最早想到用窑来烧制陶器的人是我们的祖先。据考古学家研究，早在约七八千年前，我们的祖先就能够制造陶器。陶器的发明是新石器时代开始的重要标志之一。在古代，人们用黏土来烧制碗、盆等日常生活用品，在积累一定的烧陶经验的基础上，制出了半陶半瓷的容器，而后才渐渐学会烧制精致的瓷

器用品。人们把陶瓷与艺术紧密地结合起来，在陶瓷上雕刻、绘制花鸟虫鱼、山水人物，使普通的泥土成为艺术性的容器。

现在，陶瓷制品有一部分已经成为艺术品，它替代手作为容器的功能也依然存在。

我国古代陶瓷

▶ 三国、两晋时期，陶瓷的制作水平有了一定的提高，特别是釉质和光洁度，都有较大飞跃。

▶ 隋、唐时期，烧制技术日益成熟，工匠已经学会用氧化物作为釉料了。随着饮茶习惯的形成，人们对光洁度高、渗透少的瓷器的需求越来越高，烧制瓷器的技术有了很大发展。

▶ 唐代最著名的瓷器是"唐三彩"。它是用绿、褐、白三色釉制成的彩色瓷器。唐三彩造型逼真，作为陪葬品，埋入墓穴多年仍然保存完好。

▶ 我国宋代有五大烧瓷名窑，分别是汝窑、官窑、哥窑、钧窑、定窑。江西景德镇是中国陶瓷重镇，这里千年窑火不断，有"瓷都"之称。

各式各样的古代瓷器

知识链接 "陶器"和"瓷器"有区别吗？

▶ 一般人总是把"陶"和"瓷"连在一起，甚至混为一谈。其实，"陶"和"瓷"并不一样。先有陶器，后有瓷器，陶瓷的烧制技艺是一代一代人的智慧结晶，是一个不断优化的过程。关于瓷器的起源，有一种说法认为"原始瓷器"出现于商代。

▶ 从质地上讲，陶器吸水，不透明，敲上去有噗噗的响声；瓷器却不吸水，半透明，敲击时发出清脆的声音，而且瓷器比陶器更细密、坚硬。

▶ 从烧制的工艺上讲，陶器的烧制温度低于900℃，瓷器则必须在1000℃以上的高温中烧制。

3. 壶盖为什么会跳动

火能把水烧开，这是一件很普通的事，但是烧开的水产生了蒸汽，蒸汽又产生了动力，这是许多人都熟悉却没有在意的事儿。如果你对此潜心研究，说不定也能成为像瓦特那样伟大的人物。

如果时光倒流，回到200多年前，你用水壶来烧水，看到水烧开后，壶盖被蒸汽推动而上上下下地跳动，你会想什么呢？不管怎么说，

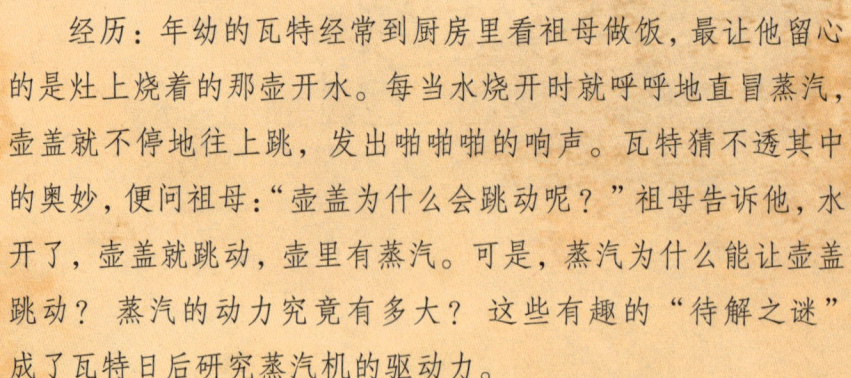

名人档案馆

姓名：詹姆斯·瓦特（1736—1819）

国籍：英国

成就：发明家，他对当时已出现的原始蒸汽机进行改进发明，使其得到广泛应用。

经历：年幼的瓦特经常到厨房里看祖母做饭，最让他留心的是灶上烧着的那壶开水。每当水烧开时就呼呼地直冒蒸汽，壶盖就不停地往上跳，发出啪啪啪的响声。瓦特猜不透其中的奥妙，便问祖母："壶盖为什么会跳动呢？"祖母告诉他，水开了，壶盖就跳动，壶里有蒸汽。可是，蒸汽为什么能让壶盖跳动？蒸汽的动力究竟有多大？这些有趣的"待解之谜"成了瓦特日后研究蒸汽机的驱动力。

第六章 火

这件事对许多人来说，都是司空见惯的。然而，当年，一个名叫瓦特的孩子注意到了这种现象，长大后有了一项重大发明。

1757年，瓦特带着对机械制造的满腔热爱，被任命为格拉斯哥大学的教具制造师。

1763年，格拉斯哥大学送来了一台供教学用的纽科门蒸汽机。这台机器不知什么地方出了故障，不能正常运转，学校的人让瓦特修理。真是机会难得，瓦特立即全身心地投入这个工作。他将这台蒸汽机的多处部件拆下来，然后弄清它们的用途。就这样，他很快找到了这台机器的症结，排除故障，使机器恢复正常的运转。

在这次修理工作中，他认识到纽科门蒸汽机的致命弱点：蒸汽在汽缸中膨胀做功，又在缸中冷凝，汽缸一会儿热，一会儿冷，很多的热量都在冷热交替中浪费掉了。

一定要解决这个问题！瓦特暗暗地下了决心。

有一天，瓦特在格拉斯哥大学的草坪上散步，忽然想出了解决问题的办法：假如在汽缸的外边安装上一个保温装置，汽缸就不会白白

131

浪费能量了。

回到修理房间,瓦特立即废寝忘食地工作,在汽缸外面单独设置一个蒸汽冷凝器。这样,蒸汽就可以在冷凝器中化成水,汽缸便不会冷却,能量就不会被浪费。经过夜以继日的实验,排除了重重困难以后,瓦特终于研制出一种带有单独冷凝器的蒸汽机。这种蒸汽机的耗煤量仅为纽科门式蒸汽机的四分之一。这一年是1765年,世界上真正的蒸汽机诞生了。之后,蒸汽机在煤矿、火车运输等行业大显身手,引发了第一次工业革命,使西方工业由手工制作迈向了机械化,也标志着一个新时代的来临。

至此,所有人都不会怀疑,蒸汽机是真正的大力士,能推动火车在铁轨上奔跑,能驱动轮船在大海上航行。人类需要将多少双大手的力加起来,才能有这样的力量呢? 这样的愿景终于实现了。

想一想 日常生活中，蒸汽有哪些妙用？

有人认为：

瓦特发明蒸汽机以后，蒸汽作为动力在全世界被广泛应用。蒸汽机的发明，加上英国当时的炼铁工业发达，不仅使英国成为世界上最早利用蒸汽机推动铁质海轮的国家，也使人类正式进入"蒸汽时代"。

还有人认为：

不论是哪一种方式产生的蒸汽，除了作为发动机的动力，应该没有其他可用的价值。

小博士说

第一种观点是正确的。第二种观点是错误的。蒸汽的用途很多。比如，蒸汽锅炉有的燃煤，也有的燃气，有的用电。它在公共洗浴场、学校、医院、饭店、食品加工厂及化学加工厂等地方都被广泛使用，具有消毒、烘干、蒸煮、取暖等多种功能。因此，千万不要小看普通的蒸汽，它的能耐大得很呢。

思维训练营

读完本书,你还知道哪些和手相关的发明创造?它们背后有哪些发明家和故事?了解一下,写下来。